Jamil Claude, André Batteux

Entgrenzung - Neue Grenzen - Entwicklungsländer in der Globalisierung

GRIN Verlag

Bibliografische Information der Deutschen Nationalbibliothek:

Die Deutsche Bibliothek verzeichnet diese Publikation in der Deutschen Nationalbibliografie; detaillierte bibliografische Daten sind im Internet über http://dnb.d-nb.de/ abrufbar.

Impressum:

Druck und Bindung: Books on Demand GmbH, Norderstedt Germany
ISBN: 978-3-640-63354-8

Dieses Buch bei GRIN:

http://www.grin.com/de/e-book/91603/entgrenzung-neue-grenzen-entwicklungslaender-in-der-globalisierung

Albert- Ludwigs- Universität Freiburg i. Br
Institut für Kulturgeographie

Proseminar: Wirtschaftsgeographie der Entwicklungsländer
SS 2003

Entgrenzung – Neue Grenzen: Entwicklungsländer in der Globalisierung

Entgrenzung – Neue Grenzen:

Entwicklungsländer in der Globalisierung

André Batteux	Jamil Claude
Geschichte HF	Geographie HF
Anglistik HF	Germanistik HF
Geographie EF	Französisch NF

I. Einleitung: 3

I. 1. Definition der Globalisierung: 5

I.2. Die Ambivalenz des Globalisierungsprozesses 7

II. Definition Fragmentierung: 9

II. 1. Die „Theorie der fragmentierenden Entwicklung“ von Fred Scholz 9

II. 2. Veränderungen in der sozialen Struktur 13

II. 3. Die neue Qualität sozialer Fragmentierung 15

II. 4. Die Fragmentierung des Nationalstaates 17

II. 5. Informationsrevolution und Digital Divide 19

III. Die Verselbstständigung der Finanzmärkte 20

III. 1. Welthandel / Freihandel 21

IV. Die Schuldenkrise 24

IV. 1. Die Strukturanpassungpolitik von IWF und Weltbank 26

V. Ökologische Grenzen 29

VI. Fallbeispiel 1: Chile – Gewinner der Globalisierung?! 30

VII. Fallbeispiel 2: Argentinien 32

VII. 1. Geographie, Bevölkerung: Allgemeine Daten 32

VII. 2. Kurze Einleitung und historischer Abriss bis 1990: 33

VII. 3. Die Situation nach 1990: 34

VII. 4. Verlaufsprotokoll der Wirtschaftskrise 35

VII. 5. Die Wirtschaft Argentiniens: 37

VIII. SCHLUSSWORT UND AUSBLICK 41

IX. BIBLIOGRAPHIE: 44

I. Einleitung:

Die Globalisierung ist keineswegs ein neues Phänomen des ausgehenden 20. Jahrhunderts, sondern vielmehr ein bereits 500 Jahre währender Prozess, welcher mit der Entdeckung der „Neuen Welt" durch den Seefahrer Christoph Columbus im Jahre 1492 seinen Anfang nahm und fortan mit der Erschließung neuer, bisher unbekannter oder nicht- exploitierter Gebiete sowie einer zunehmenden Ausbreitung des Kapitals (und der kapitalistischen Marktwirtschaft) einherging. „Globalisierung, gedacht als unaufhörliche räumliche und soziale Expansion, stellt somit eine historische Konstante kapitalistischer Entwicklung dar. Sie ist aber auch eine seiner Voraussetzungen." (Parnreiter; Novy; Fischer 1999: 11)

Neu ist allerdings, dass dieser Globalisierungsprozess ab der zweiten Hälfte des vergangenen Jahrhunderts eine sehr hohe, ihm eigene Dynamik entwickelte, in Folge derer neue Facetten (neue Entwicklungsstadien) dieses Prozesses auftauchten. Der im Rahmen dieser Hausarbeit interessante und relevante Zeitrahmen ist mit dem Ausbruch der Schuldenkrise zu datieren und dauert bis heute an. Spätestens seit 1982 lässt sich eine neue Qualität der Dynamik des Globalisierungsprozesses konstatieren, welche der deutsche Philosoph Jürgen Habermas treffender Weise als die „neue Unübersichtlichkeit" bezeichnete.

Grob gesagt, lassen sich vier neue Wesensmerkmale bestimmen, welche das heutige Entwicklungsstadium der Globalisierung charakterisieren, als da wären:

a) Die Neuordnung und eine zunehmende Deregulierung der Finanzwelt nach dem Ende des Bretton- Woods Systems im August 1971 und dem Treffen vom Rambouillet am 15. November 1975; was im Verlaufe der folgenden Jahrzehnte zu einer Abkopplung und Entgrenzung der monetären Sphäre führte.
b) Die „Informationsrevolution" (Entwicklung moderner Informations- und Telekommunikationstechnologien) führte einerseits zu Veränderungen für die Organisation von Produktion und Konsumtion und andererseits zur Entstehung völlig neuer Wünsche und Bedürfnisse.
c) Durch die Gratifikationen der „Informationsrevolution" wurden die Kosten und der zeitliche Rahmen für den Transport von Gütern und Personen drastisch gesenkt, was zu einer neuen Geographie der Produktion führte, welche einerseits

unbestrittener Weise mit einer zunehmenden Vernetzung, Verflechtung und Grenzauflösung (Inklusion); andererseits aber auch mit einer sich verschärfenden Polarisierung, Peripherisierung und Marginalisierung, vor allem der Länder des Südens (Exklusion) einhergeht.

d) Einer neuen politischen Weltordnung (nach dem Ende des Ost- West Konflikts 1989) sowie einer neuen globalen Machtverteilung, ausgelöst durch die Machtkonzentration transnational agierender Konzerne (TNK), den sogenannten „Global Players".

e) Einer neuen Qualität sozialer Ungleichheit, begleitet vom Prozess der Fragmentierung, welcher sich von der Mikro- bis zur Meta- Ebene ausdehnt.

Infolge dieser neuartigen Prozesse und Machtverteilungen kam es im Zuge der Globalisierung sowohl zu einer Entgrenzung verschiedenster Faktoren, als auch zu neuen Schranken, Barrieren und Grenzen des Handelns.

I. 1. Definition der Globalisierung:

In wirtschaftlicher Hinsicht soll uns zur Heranführung an den Globalisierungskomplex folgende Definition von Krings dienen: *Unter Globalisierung versteht man die Zunahme internationaler Wirtschaftsbeziehungen und –verflechtungen und das Zusammenwachsen von Märkten für Güter und Dienstleistungen über die Grenzen der einzelnen Staaten hinaus. Hierbei spielen die internationalen Kapitalströme und die Diffusion neuer Technologien eine grosse Rolle.[...] Globalisierung bedeutet also Intensivierung des Wettbewerbs durch Vergrösserung der Märkte bis hin zum Entstehen globaler Märkte.*

(Krings; Skript zur Wirtschaftsgeographie- Vorlesung)

Laut Ulrich Beck (1997) ist Globalisierung ein Prozess, der zu *unrevidierbar entstehender Globalität* führt. Globalität bedeutet in diesem Sinne nicht weniger, als „dass von nun an nichts, was sich auf unserem Planeten abspielt, nur ein örtlich begrenzter Vorgang ist, sondern dass alle Erfindungen, Siege, Katastrophen die ganze Welt betreffen."

Für die OECD (Organisation for Economic Cooperation and Development) ist Globalisierung ein „Prozess, durch den die Märkte und Produktion in verschiedenen Ländern immer mehr voneinander abhängig werden – dank der Dynamik des Handels mit Gütern und Dienstleistungen und durch die Bewegung von Kapital und Technologie". (Plate 1999:3)

Scholz sieht in der Globalisierung ein wesentlich neues Phänomen, welches er wie folgt beschreibt:

Globalisierung lässt sich als Entstehung einer globalen Welt begreifen. Sie stellt das Ergebnis ungehinderter Bewegungen von Kapital, Waren, Ressourcen, Ideen, Sehnsüchten, Träumen und Hoffnungen dar. Sie überwindet soziale, ethnische, kulturelle und nationale Grenzen. Sie initiiert und steuert wechselseitig weit voneinander entfernt ablaufende soziale, ökonomische, kulturelle und politische Prozesse. Und sie äussert sich im Exzess bislang nicht gekannten Wettbewerbs, in der Entgrenzung von Finanzströmen, Märkten und Marktsystemen, von Privatisierung und Deregulierung. Sie schlägt sich nieder in weltweit verbreiteten Technologien,

Produktions- und Informationssystemen, in supranationalen Politiken und sogar in der Ubiquität von Lebensweisen, Konsumverhalten und kulturellem Leben. (Scholz 2002:121) Man kann Globalisierung in verschiedenen Dimensionen verstehen und erklären. Die drei wichtigsten sind die ökonomische, die soziale und die ökologische Dimension.

a) **Die ökonomische Dimension:**

- Diktat des Neo- Liberalismus; Einheit von Wirtschaftsliberalismus; Staatsbankismus und parlamentarischer Demokratie;
- Öffnung nationaler Ökonomien und Annullierung territorialer Grenzen;
- Annullierung der Raum- und Zeit- Dimension;
- Technologische Vereinheitlichung;
- Deregulierung der Wirtschafts- und Finanzwelt bei gleichzeitiger Regulierung und Flexibilisierung von Arbeits- und Beschäftigungsverhältnissen;
- Entkopplung von monetärer und produktiver (realer) Wirtschaftssphäre;
- Verbilligung der Energiekosten und Revolution im Transport und Kommunikationswesen;
- Erhöhung der Mobilität und Flexibilität von Kapital- und Kapitalinnovationen.

b) **Die soziale Dimension:**

- Soziale Fraktionierung (Individualisierung, Pluralisierung, 20:80 Gesellschaft, Marginalisierung);
- Entgrenzung von Gesellschaften und Lebenswelten (Weltkultur; Weltgesellschaft; Mc World);
- Abbau staatlicher Sicherungssysteme (Transformation vom Wohlfahrtsstaat zum Wettbewerbsstaat);
- Soziale Gegenbewegungen (z. B.: Autonomiebewegungen, Gruppierungen von Globalisierungsgegnern [ATTAC], Erstarken rechtspopulistischer, radikal- politischer und fundamentalistischer Tendenzen)

c) **Die ökologische Dimension:**

- Hohes Niveau an Naturverbrauch, Umwelt- degradation und –zerstörung;
- Globale Verwertung natürlicher (nicht- erneuerbarer) Ressourcen
- Globale Umweltprobleme (u. a. Klimawandel, Treibhauseffekt, Meeresspiegelanstieg, Ozonloch, Anstieg der Umweltkatastrophen)
- Gen- und biotechnologische Manipulation ohne Wissen um die Folgen.

(Dittrich: 1998)

I.2. Die Ambivalenz des Globalisierungsprozesses

Oftmals wird unter Globalisierung ein weltumspannender, gleichzeitig ablaufender Prozess der Universalisierung und der Homogenisierung verstanden, in Folge dessen es zur Herausbildung eines Weltmarktes mit standardisierten Produktions- und Verteilungsverfahren sowie zu der Entstehung einer Weltgemeinschaft kommt. In diesem Sinne würde es sich bei der Globalisierung um einen uniformen und linearen Prozess handeln. Dem ist aber nicht so; es ist mittlerweile wissenschaftlich untersucht und empirisch belegt worden, dass es sich im Gegenteil bei der Globalisierung um einen höchst dynamischen Prozess handelt, der sich u. a. durch eine Ungleichzeitigkeit der Entwicklung bei gleichzeitiger Entwicklungsabhängigkeit auszeichnet und welcher zum Teil höchst widersprüchliche, heterogenisierende Prozesse auslöst. In der Folge kommt es zu einer Transformation und Umstrukturierung auf verschiedenen Ebenen (lokal, regional, national, kontinental und global) verschiedenster Bereiche (Ökonomie, Politik, Ökologie, Kultur, Soziales).

Die neu entstandenen Verteilungsmuster und Abhängigkeitsverhältnisse gründen zum grossen Teil auf dem global expandierenden System der kapitalistischen Marktwirtschaft, welches sich heute, nach dem Wegfall des Ost- West Konflikts im Jahre 1989, als global dominantes Wirtschaftssystem durchsetzen konnte. In der Folge kam es zu einer weiteren Dynamisierung des Globalisierungsprozesses, welcher aber, getreu den Grundregeln der kapitalistischen Marktwirtschaft, „per se nicht auf Konsens, sondern auf Erfolg, Konkurrenz und Verdrängung ausgerichtet“ ist. „Er findet seinen Niederschlag in dem zeitlichen und räumlichen Nebeneinander integrierender und (bruchhaft) trennender, eben fragmentierender Prozesse. Als Ausdruck dafür stehen z.

B. Phänomene wie die Entgrenzung der Staatenwelt, Retribalisierung oder Ethnoprotektionismus. Entwicklungspolitisch relevant sind in diesem Zusammenhang insbesondere die sich verschärfenden sozialen und regionalen Gegensätze, lokale Standortschwäche und exzessive Standortfluktuation. Dazu gehören ebenso temporäre wie permanente Arbeitslosigkeit, unentrinnbare Ausgrenzung (Exklusion), Marginalisierung, Verelendung, lokale und globale Massenarmut und Massenmigration, Flucht oder unsicherheits- oder aggressionsbedingte Verharrung.
Sie schlagen sich aber auch nieder in (extremem) individuellem oder lokalem bzw. regionalem Reichtum, in ökonomischer Partizipation, in bewusster Ausgrenzung (Inklusion) oder in Standortzugewinn und sozialem Aufstieg.“ Scholz betont die Gleichzeitigkeit sich entgegengesetzter Prozesse sowie ihre globale Präsenz, sowohl auf der Nord-, als auch auf der Südhalbkugel.

II. Definition Fragmentierung:

Fragmentierung ist das konkret fassbare oder virtuell begreifbare räumliche Ergebnis eines durch Globalisierung ausgelösten, weltweit realen sozio- ökonomischen Differenzierungsprozesses. Als ein die Lebensrealität der „Zweiten Moderne“ in ihrer räumlichen Dimension bestimmendes „neues“ Phänomen stellt sie zuerst einmal eine originäre Herausforderung für die geographische Forschung dar. Ihre Ergebnisse bilden die notwendige Grundlage zum einen für das gesellschaftliche Verständnis der differenzierten Fragmentierungsprozesse und zum anderen für die Planung und Steuerung der daraus resultierenden negativen wie positiven Effekte. (Scholz 2002:121)

Altvater und Mahnkopf (1999: 125f.) betonen, dass „trotz Globalisierung und Weltmarktdynamik soziale und ökonomische Entwicklungsprozesse räumlich separiert und zeitlich asynchron, also ungleichmässig und ungleichzeitig ablaufen. Dies bedeutet freilich keineswegs, dass die Entwicklungsprozesse nicht interdependent sind, dass sie sich wechselseitig beeinflussen, ja blockieren können.“ Sie schreiben weiter (ebd. 1999: 145f.):

„Also muss nun von der Gleichzeitigkeit von Ordnung (Kohärenz) und Unordnung (Inkohärenz) oder von globaler Vereinheitlichung und gleichzeitiger regionaler Fragmentierung bzw. Fraktionierung die Rede sein.

II. 1. Die „Theorie der fragmentierenden Entwicklung“ von Fred Scholz

„Im Zeitalter von Globalisierung, d. h. von Liberalisierung, Deregulierung, Privatisierung, entgrenzter Märkte und exzessivem Wettbewerb – eben dem Kredo der „Zweiten Moderne“-, [...] muss [...] von einer durch Wettbewerb bestimmten, höchst gegensätzlich verlaufenden „fragmentierenden Entwicklung“ ausgegangen werden. (Scholz, F. 2002b: 7)

Laut Scholz leben wir in einer Welt, die auf dem Modell globaler Fragmentierung gründet und sich virtuell wie materiell über alle sozialen, ökonomischen und räumlichen Ebenen erstreckt. Schaltzentralen der Globalisierung sind die sogenannten Acting Global Cities, welche Scholz als „Inseln des Reichtums" bezeichnet. Ihnen funktional hierarchisch untergeordnet sind die virtuell mit ihnen verbundenen Affected/ Exposed Global Cities (Bsp. Bangalore), welche von dieser Fragmentierung besonders betroffen sind, da sie noch stärker als die Acting Global Cities der latenten Gefahr des Abstiegs in die marginalisierte Restwelt ausgesetzt sind. Allerdings betrifft die Fragmentierung, genauso wie die Globalisierung, sie nicht integral, sondern nur teilweise, es handelt sich dabei um die „global integrierten Stadtfragmente" (Scholz 2000: 11). Denn genau wie auf der Markroebene, kann das Modell globaler Fragmentierung auch auf das Mikrosystem „Stadt" angewandt werden. Ungleichzeitige und uneinheitliche Prozesse, Entgrenzung und Eingrenzung sowie die immer engräumigere Produktion sozialer und ökonomischer Disparitäten, lassen sich auch bei der zunehmend fragmentierenden Entwicklung der Metropolen auf allen Kontinenten der Erde beobachten. Von diesen Affected/ Exposed Cities bruchhaft gesondert, eben fragmentiert, befindet sich die „ausgegrenzte Restwelt", auch als New Periphery oder von Scholz als „Meer der Armut" (Scholz 2000: 11) bezeichnet. Die New Periphery ist in sich durch Ethnoregionalismen, Fundamentalismen, Retribalisierung und Kryptonationalismen bruchhaft und widersprüchlich vielfältig fragmentiert. Sie charakterisiert sich durch alle Merkmale, die mit dem Begriff der „Dritten Welt" konnotiert werden. Dazu gesellen sich jedoch noch Ausgrenzung und Abkopplung. Diese abgekoppelte Restwelt, vom Münchner Soziologen Ulrich Beck (1997) als „Neuer Süden" tituliert, ist laut Scholz dreifach überflüssig („population redundant" [Ricardo]): Als Arbeitskraft wird sie nicht benötigt, als Konsument ist sie unerheblich und als Produzent uninteressant, da ihre Erzeugnisse nicht gebraucht werden. (Scholz 2002a: 122f.)

Die „Theorie der fragmentierenden Entwicklung" von Scholz beruht auf dem Primat der Wirtschaft. Unter anderen Faktoren, welche später noch genauer erläutert werden sollen, führt Scholz folgende Belege für seine Theorie ins Feld:

- Seit 1997 verzeichneten 41 der armen Länder überhaupt kein Wachstum mehr. (Global Development Finance 2000)
- Die Entwicklungshilfe der OECD- Länder, auf 0, 7 % des BSP festgelegt, wird von den meisten Ländern nicht konsequent verfolgt, die tatsächlichen Raten haben sich in einem Bereich zwischen 0, 2 und 0, 3 % eingependelt (BRD: 0, 26%).
- Die staatlichen Mittel für karitative Zwecke stagnieren oder sind rückläufig. Zwischen 1994 und 1999 wurden sie in Deutschland um 30, 8 % reduziert.
- 1, 5 mia. Menschen, die unterhalb der absoluten Armutsgrenze leben und 3, 5 mia. Menschen (= 58 % der Weltbevölkerung), denen 1999 statistisch gesehen 2 US$ pro Tag zur Verfügung standen. (WDI 1999)

Abb. 2: Globale „Zweiteilung" der Erde

A: Die ausländischen Direktinvestitionen (FDI) nach Ländern und Regionen (in % der Welt-FDI 2000)

B: Das Bruttosozialprodukt nach Ländern und Regionen (in % des Welt-BSP 2000).

C: Die Weltbevölkerung nach Ländern und Regionen (in % der Weltbevölkerung 2000)

Entwurf: Kai Schäfer, Daten nach World Development Indicators, Database Worldbank (www.worldbank.org /data/topic/databytopic/ databytopic.html) und UNCTAD 2001

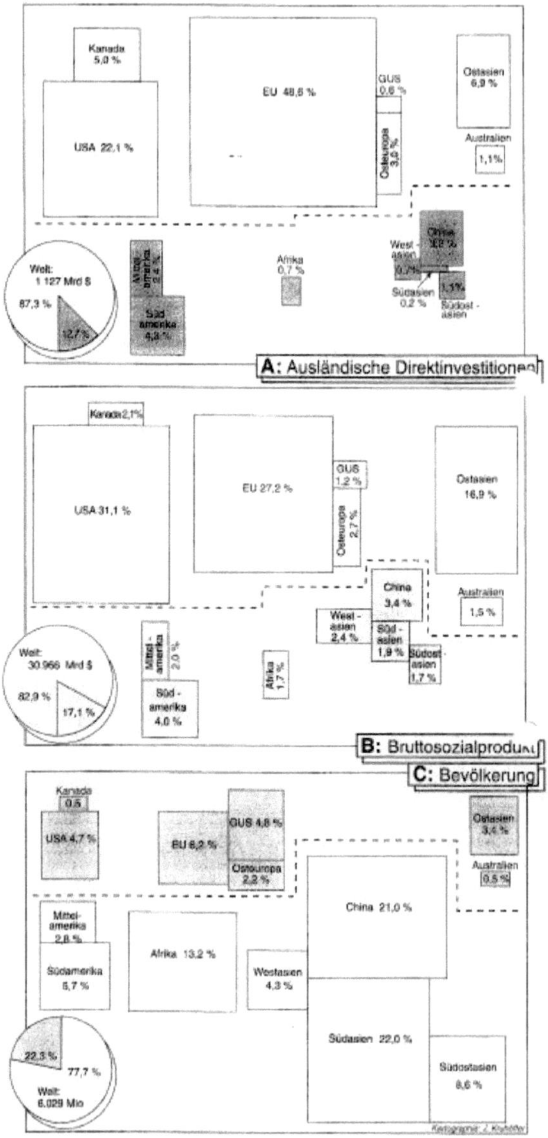

Geographische Rundschau 54 (2002) Heft 10

II. 2. Veränderungen in der sozialen Struktur

Globalisierung ist verbunden mit einem weltumspannenden Netzwerk, welches durch die neuen Kommunikations-, Transport-, und Logistikmöglichkeiten ein Handeln jenseits von Zeit und Raum ermöglicht. Es existiert sowohl eine Interdependenz und Verknüpfung sozialer, ökonomischer, politischer und ökologischer Probleme, als auch eine Annullierung der Distanz und ein rapider Kommunikationsaustausch. Konsequenterweise, durch die weltweite Verknüpfung, werden lokale, regionale und nationale Lebensformen und Kulturen zu Globalen. Die Global City wird so zu einem An- und Versammlungsort von Diversität, Multiethnizität, verschiedensten Kulturen und Subkulturen.

Sozio– strukturell ist die Entstehung und Aufgliederung sowie Ausdifferenzierung neuer sozialer Milieus verschiedenster Lebensqualitäten – und Standards zu beobachten. Innerhalb der Global Cities entsteht eine neue, aufgeklärte Mittelschicht und, bedingt durch die Konzentration von wissens- und informationsintensiven Sektoren, auch eine Ausweitung der höheren Einkommensschichten. Global Cities zeichnen sich durch die Entstehung eines Arbeitsmarktes für hochqualifizierte Arbeitnehmer (Manager, Direktoren, Abteilungsleiter, Headhunter) aus, welche die globalen Kontroll-, Koordinations-, und Steuerungsfunktionen übernehmen. In der Regel handelt es sich hierbei um junge, ehrgeizige, aufstrebende, global denkende und gut verdienende Führungseliten mit großen Karriereambitionen. Zumeist leben sie abgekoppelt vom Rest der städtischen Gesellschaft und der Stadtpolitik in architektonisch avantgardistischen und postmodernen, luxuriösen urbanen Villenvierteln. Diese Villenviertel sind von Zäunen umgeben, und bewaffnete Sicherheitsdienste kontrollieren, dass nur die Anwohner und deren Gäste das Wohngebiet betreten dürfen (sog. „Gated Communities). Alle anderen wird der Zutritt verweigert, sie werden ausgegrenzt.

Global Cities stellen also sowohl ökonomische Zentren der neuen Arbeitsteilung, als auch Schauplätze für die neuen kosmopolitischen Milieus der Dienstleistungsökonomie dar. Dies impliziert weitere Veränderungen in der sozialen und räumlichen Struktur von Global Cities, da mit zunehmender Anzahl hochbesoldeter Führungskader auch die

Nachfrage nach Kultur- und Konsumgütern, Freizeitangeboten, anspruchsvollen Wohnungen und Haushaltshilfen jeglicher Art steigt. Handelt es sich hierbei lediglich um eine geringe Anzahl von privilegierten Bürgern innerhalb der Stadtbevölkerung, so ist diese spezifische soziale Schicht allerdings auf ökonomischer, innovativer und soziokultureller Ebene von entscheidender Bedeutung, da sie durch ihre Konsum-, Arbeits- und Lebensgewohnheiten das Image und Stadtbild einer Global City wesentlich mitbestimmt.

Parallel zu diesen Phänomenen breitet sich allerdings auch der informelle Sektor zunehmend aus. *„Der informelle Sektor ist kein Charakteristikum der Dritten Welt, sondern gehört konstitutiv zur verstädterten Gesellschaft".* (Sassen 1993)

Es handelt sich hierbei überwiegend um schlecht entlohnte Tätigkeiten niederer Qualifikation, beispielsweise in Form von Putzkolonnen, Kraftfahrern und Handwerkern, welche allerdings als Treibkraft der Global Cities und des Globalisierungsprozesses unerlässlich und unabdingbar sind. Häufig werden diese Aufgaben von Immigranten und Frauen durchgeführt.

Globale Stadträume stellen somit den Austragungsort vielschichtiger sozialer Konflikte, sowie dem harten Kampf in der Arbeitswelt zur ökonomisch- politischen und sozialen Vormachtstellung dar, sind zugleich aber auch Experimentierfeld für die Produkte des globalen Marktes und nicht zuletzt für die globale, postmoderne, multikulturelle und polyethnische Spaßgesellschaft. Die zunehmende Modernisierung und Flexibilisierung sich ausbreitender sozialer Gesellschaftsstrukturen steht hierbei im Zentrum des Forschungsinteresses.

„Der mit Globalisierung verbundene Prozess der sozialräumlichen Fragmentierung führt dazu, dass hohe und niedrige soziale Standards weltweit zunehmend engräumiger verteilt und reproduziert werden. Auch in den Metropolen stoßen, um es zugespitzt auszudrücken, Erste und Dritte Welt aufeinander. (Parnreiter/ Novy/ Fischer 1999: 29) Da steinreich und bettelarm hier unmittelbar aneinander grenzen, ohne dass es jedoch zu einer Durchmischung, einem Austausch der sozialen Schichten oder der Möglichkeit eines Aufstieg für die Unterprivilegierten kommt, wird in diesem Zusammenhang immer öfters von sogenannten "Dual Cities" gesprochen.

II. 3. Die neue Qualität sozialer Fragmentierung

Ein zentrales Wesensmerkmal der Globalisierung ist, dass ihre Dynamiken tief in das Leben nahezu aller Menschen auf dieser Welt eindringen. [...] Eine der augenfälligsten sozialen Folgen dieser Entwicklung ist der markante Anstieg an internationalen Migrationen wie an Binnenwanderungen. Eine andere Konsequenz ist die zunehmende Polarisierung, und zwar sowohl zwischen Ländern, Regionen und Städten als auch innerhalb dieser. (Parnreiter/ Novy/ Fischer 1999: 27)

Die Wandlung der Staaten zu Wettbewerbsstaaten führt nicht nur zu Transformationen im politischen und wirtschaftlichen Sektor, sondern, da direkt oder indirekt von diesen Schlüsselbereichen staatlicher Politik abhängig, zu Veränderungen in den Sozialsystemen.

„Die „Erfolgsbedingungen" neoliberaler Politik – eine ausgeglichene Zahlungsbilanz, eine antiinflationäre Politik und eine Orientierung auf Geldwertstabilität – liegen folglich im Abbau staatlicher Sozialpolitik." (de Oliveira 1998: 92 [zitiert nach Fischer, K. In: Parnreiter/ Novy/ Fischer 1999: 123]) Die sozialen Konsequenzen einer solchen, neo-liberalen Politik geraten zusehends ins Zentrum der Kritik und werden auch immer weniger geleugnet. „Globalisierung und weltweite Ungleichheit hängen zusammen" konstatiert denn auch die Financial Times (dt. Ausgabe vom 25. 2. 2000). Es handelt sich dabei um „eine steigende Polarisierung bei Einkommen und Lebenschancen, ein dauerhafter Ausschluss immer grösserer Bevölkerungsgruppen, eine spürbare Entsolidarisierung innerhalb der Gesellschaften." (Fischer, K.; In: Parnreiter/ Novy/ Fischer 1999: 123)

Die Entwicklung des Gini- Koeffizienten, einem Indikator für soziale Polarisierung, zeigt, dass sich die Schere zwischen Nord und Süd immer weiter öffnet.

(Weltbank- Studien; u.a. Milanovic 1999)

Der Human Development Report 2000 der UNDP bestätigt diesen Befund: während der Abstand zwischen Nord und Süd 1960 bei 1: 30 lag, betrug er 1990 1: 60; er hat sich also innerhalb von nur drei Dekaden verdoppelt. Von 1990 bis 1997, beschleunigte sich dieser disparitäre Trend weiter auf ein Verhältnis von 1: 74.

„Globalisierung ist daher mehr als nur das Hinausschmeissen nationaler Kapitale über die nationalen Grenzen, mehr als die blosse Existenz des Weltmarkts, sie ist Gesellschafts*gestaltung* durch Gesellschafts*spaltung*." (Altvater/ Mahnkopf 1999: 58)

Zwischen 1960 und 1991 wuchs der Anteil des reichsten Fünftel der Menschheit am internationalen Einkommen von 70 auf 85 %, während gleichzeitig der Anteil des ärmsten Fünftels von 2, 3 % auf 1, 4 % sank." (UNDP 1996: 13)
Die reichsten 200 Personen der Welt konnten demgegenüber ihr Nettovermögen zwischen 1994 und 1998 auf mehr als eine Billion Dollar verdoppeln, und das der drei reichsten Milliardäre übersteigt das zusammengerechnete BSP der Gruppe der ärmsten Länder, in denen 600 mio. Menschen leben. (Wahl 1997)
Dieser soziale Dualismus zugunsten weniger Privilegierter verweist auf die Gleichzeitigkeit von Inklusion und Exklusion, d. h. von Integration in die globalisierte Ökonomie bzw. auf die Ausgeschlossenheit von ihrer Dynamik und damit auch von ihren Begünstigungen. Bei dieser speziellen und hochbrisanten Problematik handelt es sich um ein globales Phänomen, welches sowohl innerhalb der armen Länder des Südens, als auch innerhalb der reichen OECD- Länder zu beobachten ist. „Die spaltende Dynamik von Exklusion und Inklusion findet in allen Gesellschaften der „Weltgesellschaft" statt und wird durch die Globalisierungstendenzen befördert." (Altvater; Mahnkopf 1999: 145) Besonders dramatisch wirkt sich dabei die Tatsache aus, dass „Strategien zur Krisenbewältigung (…) zunehmend nicht mehr auf Aushandlung, sondern auf *Ausschluss*" setzen. (Fischer, K. In: Parnreiter/ Novy/ Fischer 1999: 124)

II. 4. Die Fragmentierung des Nationalstaates

Infolge der Globalisierung sahen sich die Nationalstaaten neuen Herausforderungen gegenüber. Für die globale Wirtschaft erschien der Nationalstaat nun „als eine negative Schranke, die die „vier Freiheiten“ (des Handels, des Kapitalverkehrs, der Dienstleistungen und der Migration) behindert.“ (Altvater; Mahnkopf 1999: 133)

Wollten die Nationalstaaten ihre Ökonomien auf einem hohen Niveau halten und ihren Bürgern weiterhin die Gratifikationen eines Wohlfahrtsstaates zukommen lassen, so sahen sie sich jedoch gezwungen, die Wirtschaft weiterhin an nationales oder regionales Territorium zu binden. In Europa erreichte man dies zum Beispiel durch eine Kompetenzabgabe der Nationalstaaten an die supranationalen Institutionen der EU, welche einen erheblichen Machtzugewinn zu verzeichnen haben. Es kam zum europäischen Binnenmarkt, dem Schengen- Abkommen sowie der europäischen Währungsunion und dem Euro. Wenn es also in diesem Fall durchaus zu einer poltischen, ökonomischen und sozialen Entgrenzung kam, so darf dabei nicht übersehen werden, dass es gleichzeitig zu einer bisher nicht da gewesenen Ausgrenzung, nämlich der Nicht- EU- Bürger kam, indem man die europäischen Grenzen, z. B. durch Mauern, Stachelzäune und Videoüberwachung enorm ausbaute und gleichzeitig die Grenzkontrollen massiv verstärkte, sowohl an Land, als auch zu Wasser, so z. B. durch ständige Patrouillen der Grenzpolizei an der Strasse von Gibraltar. Auf nationalstaatlicher Ebene erfolgte eine Inwertsetzung des Raumes und kam es zu tiefgreifenden Konzessionen der Nationalstaaten gegenüber einer scheinbar alles beherrschenden Wirtschaft. Um möglichst viele und hochrangige Unternehmen auf ihrem Territorium attrahieren zu können, mutierten die Nationalstaaten zu Wettbewerbsstaaten. „*Nationalstaaten konkurrieren darum, einen Teil des weltweit produzierten Mehrwerts auf ihr Territorium zu ziehen. Der Antagonismus zwischen ihnen ist nicht Ausdruck der Ausbeutung der ‚peripheren' durch die ‚zentralen' Staaten sondern drückt die (äusserst ungleiche) Konkurrenz zwischen ihnen um die Anziehung (oder die Bewahrung) eines Teils des globalen Mehrwerts auf ihr Territorium aus.*“

Aber paradoxerweise hat der Prozess der ökonomischen Inwertsetzung zur Folge, dass der Nationalstaat einen Teil der politischen Kontrolle über das Territorium an globale ökonomische Mächte verliert und somit seinen politischen Entscheidungsmöglichkeiten neue Grenzen gesetzt werden. Im Zuge der umfassenden Internationalisierung und Globalisierung der Wirtschaft ist dem Nationalstaat die monopolistische Herrschaft über den territorialen Raum abhanden geraten, auf den sich traditionellerweise die Staatseigenschaft der Souveränität und ihre Fähigkeit zur Ein- und Ausgrenzung beziehen. Mächtige global players können sich im Zeitalter der Globalisierung einer Regulierung ebenso entziehen wie öffentlicher und demokratischer Kontrolle. Grenzüberschreitende Prozesse – von der Produktion, dem Warenverkehr, der beschleunigten Zirkulation von Kapital bis hin zu Migrationsbewegungen – unterlaufen zunehmend die territoriale wie die politisch-administrative Zuständigkeit nationalstaatlicher Institutionen. Die *Exterritorialisierung* der Ökonomie haben den Staat und die politischen Apparate nicht unverändert gelassen. Globale Institutionen zur Regulierung von Ökonomie, Umwelt und Politik haben sich ebenso ausgebreitet wie regionale Staatenbünde und Institutionen auf einer supranationalen Ebene. Diese Entwicklungen verringern die nationalstaatlichen Handlungsspielräume bzw. transformieren sie in ein komplexes Beziehungsgeflecht von nationalen, zwischenstaatlichen und Mehrebenen- Regimen, die auf widersprüchlichen und rivalisierenden Machtkonstellationen basieren. In einigen Bereichen werden staatliche Regulierungen bewusst zurückgenommen, in anderen werden Kompetenzen auf höhere – intergouvernementale, supranationale oder globale – Ebenen verlagert. So sehen sich die Nationalstaaten im Zeitalter der Globalisierung mit dem Problem der *doppelten Fragmentierung* konfrontiert. Doppelte Fragmentierung bedeutet in diesem Sinne, dass die Nationalstaaten sowohl zu einer Kompetenzabgabe und einem Souveränitätsverlust nach unten (TNKs, global players, Gewerkschaften...), als auch nach oben (supranationale Regierungsformen wie die EU oder die UN, Bretton- Woods Institutionen, NGOs, ...) gezwungen sind.

II. 5. Informationsrevolution und Digital Divide

In der weltweiten Verbreitung und dem Ausbau der Informationstechnologie und deren gesteigerter Leistungsfähigkeit sehen Akteure wie die Weltbank oder die OECD eine große Chance für Entwicklungsländer. Der durch den E-Commerce ermöglichte transnationale Austausch von Kenntnissen, Angebot und Nachfrage räume selbst Kleinbetrieben in Entwicklungsländern eine Steigerung ihrer wirtschaftlichen Chancen ein. Doch wird dabei ein wichtiges Faktum übersehen:

Der sogenannte "digital divide" meint die Technologielücke, die zwischen Entwicklungs- und Industrieländern in den Bereichen Elektrizität, Telefon, Computer und internet service provider besteht. Von allen verfügbaren Informationen des Internets stammen lediglich 0,4% aus Afrika, wobei die Republik Südafrika mit 0,38% den Löwenanteil stellt. Diese globale Ungleichheit ist "letztlich (...) Ausdruck unterschiedlichster Teilhabechancen und tatsächlicher individueller Teilhabe und damit einer fragmentierenden Entwicklung."

III. Die Verselbstständigung der Finanzmärkte

„Das Geld ist eine Waffe, die den Gegner verwirrt." (Pereira 1998)

1971, als die Nixon Regierung die Goldfundierung des USD aufgeben musste, kam es zum Ende des Bretton- Woods- Sytems, welches auf dem System der fixen Wechselkurse beruhte. Fortan kam es zu einer bis heute zu beobachtenden Liberalisierung und Deregulierung der Finanzwelt. *„Der Finanzmarkt beginnt, die Wirtschaft im allgemeinen und die Unternehmen im besonderen zu bevormunden. Er zwingt letztere, Verhaltensweisen und Strategien anzunehmen, die sich aus einem strikt wirtschaftlichen und industriellen Blickwinkel heraus von der Rationalität, die sie beanspruchen, weit entfernen. (...) es kommt zu einer neuartigen Hegemonie des Geldkapitals*" (Bischoff 1997: 39).

Das Wachstum des monetären Weltmarktes und die geringe Umschlagszeit auf den Finanzmärkten gelten als entscheidende Charakterzüge der Weltwirtschaft der letzten 20 Jahre. Das boomende und jede Grenze überschreitende Geschäft mit Devisen, Aktien, Anleihen, Schuldverschreibungen usw. ist zum Inbegriff der Globalisierung geworden. (Parnreiter; Novy; Fischer 1999: 15)

Breuer, der Vorstandsvorsitzende der deutschen Bank, postuliert, dass es vor allem die Finanzmärkte sein werden, welche neben Legislative, Exekutive, Justiz und Medien zur „fünften Gewalt" aufsteigen und den Regierungen zunehmend die „richtige" Wirtschaftspolitik diktieren werden. In der Tat sind heute bereits 50 der 100 grössten ökonomischen Akteuren Transnationale Konzerne. Der Jahresumsatz von General Motors liegt über dem BIP von Dänemark, der von Ford über dem von Südafrika, Toyota, Exxon und Shell haben einen grösseren Umsatz als Norwegen, Polen und Portugal zusammen, IBM rangiert vor Malaysia und Nestlés Wirtschaftskraft überragt die von Ägypten. (Wahl 1997)

III. 1. Welthandel / Freihandel

Ein wichtiges Charakteristikum der wirtschaftlichen Globalisierung ist der Welthandel. Durch die sich vollziehende Deregulierung und Liberalisierung der Märkte entwickelte sich der Außenhandel gegenüber der Binnenwirtschaft überproportional dynamisch: Der Wert der Weltexporte verdoppelte sich von 2000 Milliarden US-Dollar (1980) auf 4300 Milliarden US-Dollar (1994) und der internationale Welthandel verzeichnete Wachstumsraten, welche die der Industrieproduktion um das sechsfache überstiegen.

Ein zunehmend grösser werdender Teil des internationalen Welthandels wird mittlerweile branchenintern abgewickelt . In den USA hat dieser Bereich zwischen 1970 und 1991 von 49 auf 66 % zugenommen, in Japan von 30 auf 35 %, in Deutschland von 59 auf 80 %. Wird Handel konzernintern abgewickelt, so spricht man vom sogenannten „intra-firm" Handel. Bei dieser spezifischen Handelsform findet Kapital- und Güterverkehr ausschliesslich zwischen verschiedenen lokalen Unternehmen (Tochterunternehmen) und Subunternehmen des gleichen, meist in OECD- Ländern angesiedelten, Mutterkonzerns.

Auf den Beschluss der Uruguay-Runde des GATT (General Agreement on Tarifs and Trade) 1994 wurde im Jahre 1995 die WTO (World Trade Organisation) ins Leben gerufen, deren Hauptaufgabe in der Liberalisierung der internationalen Märkte gesehen wird. Die Verfechter des Freihandels begründen ihre Haltung mit der *Theorie der komparativen (relativen) Kostenvorteile*, nach der jeder Akteur sich auf das spezialisiert, was er am kostengünstigsten produzieren kann. Durch den Handel untereinander könne jeder Akteur Gewinn erzielen. Leider beruht diese Theorie auf modelltheoretischen Überlegungen mit allzu idealtypischen Annahmen:

Weder die Preisbildung findet in der reinen Form statt, von der die Theorie ausgeht, noch wird der Strukturwandel erreicht, der unabdingbar ist, um aus der verlangten Spezialisierung ausreichende Vorteile zu ziehen. Aussen vor gelassen werden auch Tatsachen wie historisch bedingte unterschiedliche Entwicklungsstufen, eine teilweise über mehrere Jahrhunderte andauernde Kolonialisierung von Märkten und das Vorhandensein von oligopolistischen Marktstrukturen.

Des Weiteren wird der Marktzugang durch verschiedene wirtschaftliche oder nicht-wirtschaftliche Hemmnisse wie z.B. unzulängliche Markttransparenz und -information und die Schwäche der Infrastruktur erschwert bzw. behindert. Mit in die Überlegungen einbezogen werden sollten auch andere Faktoren wie Tradition, Kultur, Psychologie usw., welche das Handeln der Akteure der verschiedenen Bevölkerungen direkt beeinflussen.

Aus entwicklungspolitischer Sicht ist diese Markttheorie jedoch vor allem deshalb angreifbar, weil es erwiesenermaßen keine begründete Korrelation zwischen den Gewinnen, die ein Staat durch internationalen Handel erwirtschaftet, und deren Verteilung auf die verschiedenen Bevölkerungsschichten, d.h. auf die Binnenverteilung und die damit verbundenen Wohlfahrtseffekte, gibt. Als negatives Beispiel kann Lateinamerika herangezogen werden, für das die CEPAL (UN-Wirtschaftskommission für Lateinamerika) 1997 folgende Werte bekannt gab: Die Exporte waren gegenüber dem Vorjahr um 11% gestiegen, das Wirtschaftswachstum betrug 3,5 %; das Niveau der Armut war dabei konstant geblieben, und die Arbeitslosigkeit musste sogar einen steigenden Prozentsatz verzeichnen.

„Vergleiche zwischen der Entwicklung in den Perioden 1960-1980 und 1980-1993 zeigen, dass in der Periode, in der die weltweit verstärkte Marktorientierung einsetzte, die soziale Polarisierung sich trotz des Handelswachstums beschleunigte. Der sogenannte Gini-Koeffizient, der die Einkommensverteilung zwischen den 20% der ärmsten und 20% der reichsten Bevölkerungsgruppen mißt, belief sich z.B. in Südasien 1970- 1982 je nach Land auf 0, 28 bis 0, 40. 1990-1993 betrug er 0, 29 bis 0, 51, d.h. es fand eine deutliche Aufspreizung der Einkommensunterschiede statt. Für Subsahara-Afrika betrugen die Werte 0, 42-0, 44 und 0, 35-0, 59 (Wahl 1997: 108).

Das Bundesministerium für wirtschaftliche Zusammenarbeit sah die Effekte der Globalisierung auf Entwicklungsländer auch nicht unbedingt positiv: Asien und Lateinamerika werden zwar auf der Gewinnerseite verortet, jedoch können die Auswirkungen für viele afrikanische Staaten noch nicht abschließend geklärt werden. Die definitiven Auswirkungen sind in erster Linie von der Fähigkeit dieser Länder abhängig, sich an die neuen weltwirtschaftlichen Rahmenbedingungen anzupassen, um somit die vorhandenen Handelschancen wahrnehmen zu können.

Gerade dieser Forderung können die meisten Entwicklungsländer jedoch (noch) nicht nachkommen, denn es sind zu viele Schwachstellen vorhanden. Hierbei sind zu nennen: die schon des öfteren erwähnte mangelnde Infrastruktur, technologische Schwächen, unzulängliche Ausbildung der unternehmerischen Qualifikationen, wie beim Marketing und der Qualitätskontrolle, aber auch die Schwächen im Kreditwesen und Korruption. Sich trotz dieser Defizite gegen die Konkurrenz des gesamten Weltmarktes zu behaupten, scheint für die ökonomisch schwächeren Länder im Zuge der Globalisierung eine schier nicht erfüllbare Anforderung zu sein. Analysiert man den Welthandel in Hinblick auf seine regionale Verteilung wird offensichtlich, dass sich die Wohlfahrtszuwächse auf einzelne Teile der Welt konzentrieren: Im Jahr 1994 hatte die Triade, die sich aus den drei großen Wirtschaftsblöcken Nordamerika, Japan und Westeuropa zusammensetzt, einen Anteil von 70% des gesamten internationalen Handels. Noch 1980 betrug er "lediglich" 61,3%. Der Anteil Asiens (einschließlich China mit 3%) stieg im selben Zeitraum um einen Prozentpunkt von 16,5% auf 17,5%. Lateinamerika musste einen Rückgang von 5,4% auf 4,6% hinnehmen. Am schlimmsten jedoch steht es in Afrika, dessen schon 1980 geringer Anteil von 5,9% sich weiter auf 2,1% dezimierte. (Küblböck, K. In: Parnreiter/ Novy/ Fischer 1999: 262ff.)

Darüber hinaus ist wissenswert, dass die Länder der Triade stolze 75% des gesamten Welthandels untereinander abwickeln. Dem gegenüber steht der nicht nur prozentual, sondern auch in absoluten Zahlen fallende Prozentsatz der Low Income Countries, der (ohne China und Indien) 1980 noch 60,7 Milliarden US-Dollar, 1994 jedoch nur noch 56,1 Milliarden US- Dollar betrug.

IV. Die Schuldenkrise

Bedingt durch den Anstieg der Wechselkurse zu Beginn der Achtziger Jahre, ausgelöst durch eine Erhöhung des Zinsniveaus in den USA, kam es im August 1982 in Mexiko zum Ausbruch der Schuldenkrise, welche sich im Verlaufe der folgenden Jahre wie ein Flächenbrand - in den achtziger Jahren vor allem in Südamerika, in den neunziger Jahren dann in Südamerika (Mexiko 1994; Argentinien 1998; Brasilien 1999) und 1997 in Südasien durch den Ausbruch der Asienkrise - ausbreitete.

„Die meisten peripheren Ökonomien, die sich in den 1970er Jahren mit günstigen Krediten verschuldeten und dadurch verwundbar gemacht hatten, sahen sich über Nacht mit einem starken Dollar und hohen Zinsen konfrontiert. Die realen Zinssätze in US-Dollar explodierten von –6, 5 % (1971/ 80) auf +14, 5 % (1981/ 85).[...] 1996 hatten die Entwicklungsländer laut Weltbank Schulden in der Höhe von 2.117 Mrd. US-Dollar akkumuliert (1980: 616 Mrd. US- Dollar), was etwa einem Drittel ihres Bruttosozialprodukts entspricht." (Economist, 26. 4. 1997)

Eine Währungskrise bleibt in der heutigen globalisierten Welt jedoch nie auf die Ökonomie eines einziges Nationalstaates beschränkt. Ganz im Gegenteil führen die zahlreichen wirtschaftlichen und ökonomischen Verflechtungen zwischen den verschiedenen Nationalökonomien zu einem „Überschwappen", einer Entgrenzung der Krise nach dem Prinzip des Domino- Effekts und weiten sich so mit verheerenden Konsequenzen auf ganze Regionen aus. So war bei der Asienkrise die Rezession in Laos beispielsweise stärker als in Thailand, da die laotischen Exporte zu 80 % nach Thailand gehen. Die „Erschütterungen", welche von einer solchen Krise ausgehen, weiten sich erdbebenartig vom Epizentrum bis zur Peripherie aus, so dass Wirtschafts- und Finanzkrisen auch in weit entfernten Regionen noch zu gravierenden „Nachbeben" führen können.

Niemals ist die Währung eines Nationalstaates allein in einer Krise, sondern andere Währungen wegen der globalen Interdependenzen (infolge der Konvertibilität) ebenfalls. Es ist also in der Krise einer Währung, auch wenn sie als Pfund- oder Pesokrise, als Asienkrise oder Russland- und Brasilienkrise verhandelt wird, immer das Währungs- und Finanzsystem insgesamt betroffen.

Es geraten aufgrund der Interdependenzen auf globalisierten Finanzmärkten, wegen des „Tequila"- oder „Contagion" –effekts immer mehrere Währungen unter Abwertungsdruck – dem umgekehrt die Aufwertung anderer Währungen entspricht. Währungskrisen mögen also von einer nationalen Währung ihren Ausgang nehmen (Fragmentierung), aber sie wirken sich auf das Gefüge des Währungssystems insgesamt aus (Vereinheitlichung). (Altvater; Mahnkopf 1999: 147)

Die Summe an Schuldendienstzahlungen, die zwischen 1980 und 1996 an die Gläubiger im Norden flossen, beträgt 2, 65 Billionen US$, die Summe der Kreditauszahlungen im gleichen Zeitraum beträgt nur 2, 27 Billionen. Dennoch erhöhte sich der Gesamtschuldenstand aller EL durch den Zins- und Zinseszinsmechanismus zwischen 1980 und 1996 von 0, 6 auf 2, 1 Billionen US$. Der Schuldendienst der EL betrug 1996 262 Mrd. US$, fast 40 % davon waren Zinszahlungen. Einzelne Länder weisen besonders dramatische Zahlen auf, wie z. B. Mosambik, dessen Schuldenstand 1996 1080 % der Exporte und 379 % des BNP betrug, oder auch Nicaragua, wo der Schuldenstand – trotz hoher Schuldennachlässe durch Russland – noch immer bei 650 % der Exporte und bei 355 % des BNP liegt. (Küblböck, K. In: Parnreiter/ Novy/ Fischer 1999: 269ff.)

Altbundeskanzler Williy Brandt bezeichnete die Schuldendienstzahlungen der achtziger Jahre aus dem Süden als „Bluttransfusion vom Kranken zum Gesunden".

Diese für die Länder des Südens im wahrsten Sinne des Wortes fatalen Konsequenzen, führten in jüngster Vergangenheit zu immer stärkerer Kritik an der praktizierten Schuldenpolitik und an den als „Washington Consensus" bezeichneten neoliberalen Politikkonzepten. Einige dieser Kritikpunkte möchte ich an dieser Stelle gerne anführen:

- Neue Vertragswerke, wie die Verträge der Uruguay Runde und das durch diese errichtete System der World Trade Organisation (WTO) oder das von den OECD Regierungen in Geheimverhandlungen vorbereitete Multilateral Agreement on Investment (MAI) sind so konzipiert, dass die Vorherrschaft transnationaler Unternehmen und der Reichen der reichen Länder weiter gefestigt wird.

- Der IWF scheint weniger an einer Lösung der Probleme der Highly Indebted Poor Countries (HIPC) interessiert, als daran, seine Kontrolle über die Schuldnerländer durch ESAF- Mittel mit längerer Laufzeit und eine permanente ESAF auszubauen und zu perpetuieren.
(Parnreiter/ Novy/ Fischer 1999: 96; 101f.)
- Die Anhäufung von exzessiven Schulden ist üblicherweise das gemeinsame Ergebnis von Fehlern der Kredite aufnehmenden Regierungen und ihrer ausländischen Kreditgeber. Die Fehler der Schuldner werden offensichtlich sein. Die Verantwortlichkeit ausländischer Kreditgeber wird kaum erwähnt.
- Für den ökonomisch notwendigen Schuldennachlass im Rahmen der HIPC-Initiative ist eine Bedingung langjähriges Wohlverhalten im Sinne von Bank und Fonds, die auch darüber befinden, ob sich der Schuldner wohl verhalten hat, somit Gläubiger, Ankläger, Richter, Geschworne, Sachverständige und Vollstreckungsbeamte in einem sind. Chesnais spricht in diesem Zusammenhang von einer „Diktatur der Gläubiger"

IV. 1. Die Strukturanpassungpolitik von IWF und Weltbank

Die Vergabe von Strukturanpassungskrediten (SAK) seitens der beiden Bretton- Woods Institutionen IWF (Internationaler Währungsfonds) und Weltbank (WB) an Entwicklungs- und Transformationsländer des Südens, ist gekoppelt an die Verpflichtung der Regierung des jeweiligen Empfängerlandes, sich einem sogenannten Strukturanpassungsprogramm (SAP) zu unterziehen. Diese SAP verfolgen das Ziel, dass die Schuldnerländer auch in Finanz- und Wirtschaftskrisen kreditwürdig bleiben, indem sie sich weitestgehend vom staatlichen Einfluss befreien. Die Konditionalitäten solcher SAP, bei denen es sich im wesentlichen um die Übernahme neo-liberaler und marktwirtschaftlicher Instrumente handelt, wirken sich tief auf die Strukturen des jeweiligen Empfängerlandes aus.
Während der siebziger Jahre des vergangenen Jahrhunderts, waren nur wenige Länder des Südens scharf darauf, solche SAP auf sich zu nehmen, da diese die Länder in ein enges Abhängigkeitsverhältnis gegenüber den supranationalen Bretton-Woods Institutionen sowie den Industrienationen des Nordens (OECD) führten und de facto mit

einem eigenen nationalstaatlichen Souveränitätsverlust einhergingen. In Folge der explodierenden Rohölpreise im Verlaufe der beiden Ölkrisen der siebziger Jahre (1973/74; 1979) und dem Ausbruch der Schuldenkrise im August 1982 in Mexiko, sowie der mit diesen beiden Schockereignissen zusammenhängende drastische Rückgang privater Investoren in Entwicklungs- und Schwellenländern (aufgrund der schlechten makro- ökonomischen Ausgangslage), gerieten die Länder des Südens zunehmend in Schwierigkeiten, ihrem Schuldendienst nachzukommen. Da jedoch nur Ländern, welche sich zu marktwirtschaftlichen Reformen verpflichten, von den Bretton-Woods Institutionen geholfen wird und auch amerikanische Privatbanken Kredite nur mit der Zustimmung der WB vergaben, waren viele Länder des Südens Wohl oder Übel gezwungen, solche SAP auf sich zu nehmen. So hatten Anfang 1986 12 der 15 vom amerikanischen Finanzminister James Baker als wichtigste Schuldnerländer eingestufte Länder – darunter Brasilien, Mexiko, Argentinien, Chile und die Philippinen – SAP zugestimmt. Der Anteil der SAK am Gesamtkreditvolumen der WB stieg von 3% 1981 auf 25% im Jahre 1986 und Ende 1992 waren bereits 297 SAK vergeben worden.

"In fact, most developing countries have had little choice but to ad just to the new economic realities of the emergine global market system [...] Failure to adjust would have guaranteed further marginalization from world markets and equally constrained access to international capital [...]". (WWF 1996: 2)

Der zweite Strukturanpassungskredit der IbfWuE an Thailand enthielt über 100 Bedingungen! Mit der Annahme eines SAP unterwarf sich ein Land also de facto der wirtschaftlichen Kontrolle durch IWF und Weltbank. Es kam dadurch zu einem Machtverlust des Nationalstaates zugunsten supranationaler Finanzinstitutionen. Die Handlungs- und Steuerungsfunktion des Staates erleidet einen dramatischen Bedeutungsverlust.

„Die „Erfolgsbedingungen" neoliberaler Politik – eine ausgeglichene Zahlungsbilanz, eine antiinflationäre Politik und die Orientierung auf Geldwertstabilität zur Aufrechterhaltung der Wettbewerbsfähigkeit – liegen gerade im Abwürgen jeglicher staatlicher Sozialpolitik." (Parnreiter; Novy; Fischer 1999: 17)

Insofern wirken sich SAP entgrenzend aus, als dass es zu einer Abschaffung von Handelsregulierungen und –barrieren kommen, Zölle abgebaut werden und die Nationalökonomie insgesamt liberalisiert wird, um auf dem entgrenzten Weltmarkt bestehen zu können. Andererseits aber wiederum entstehen im Gefolge auch neue Grenzen, da SAP's immer mit Konditionalitäten und Auflagen verbunden sind, welche tief in die landeseigene Politik eingreifen und diese somit nicht mehr exklusiv der Souveränität des jeweiligen Staates unterliegt; die Wirtschaftspolitik wird sozusagen „von oben" diktiert, was natürlich auch Folgen für z. B. die Sozialpolitik des jeweiligen Landes hat.

V. Ökologische Grenzen

Die Tendenz der Globalisierung kann nicht bis zum Zustand der Globalität vorangetrieben werden. Es kann kein, wie von den globalen Märkten gefordertes, unbegrenztes Wachstum geben, denn dagegen stehen harte ökologische Grenzen.

Diese sind objektiv gegeben, weil der Planet nun einmal eine endliche Oberfläche, einen endlichen stofflichen Inhalt und eine nicht unendlich belastbare Biosphäre besitzt. Der Planet Erde setzt folglich der Globalisierung Grenzen.

Die ökologische Tragfähigkeit (carrying capicity) der Natur ist eine ebenso harte Budgetrestriktion wie das knappe Geld für ökonomische Entscheidungen und Prozesse eine ist. Dies gilt heute umso mehr, da wir uns den natürlichen Grenzen nähern.

Selbst bei Null-Wachstum oder sogar bei Minus-Wachstum ist der Naturverbrauch noch bei weitem zu hoch. Und wir wissen, dass Stagnation und Rezession bisher immer mit gravierenden sozialen und politischen Folgen einhergingen. Wie also können Märkte und Wirtschaften die bisher auf stetigem Wachstum basierten plötzlich umgepolt werden?

Dem „Club of Rome“ zufolge werden (nach pessimistischem Modell), falls es keine physikalischen, sozialen und ökonomischen Veränderungen gibt, innerhalb eines Zeitraumes von 100 Jahren die natürlichen Ressourcen auf die unser derzeitiges Wirtschaftssystem (vor allem die Industrie) aufbaut, aufgebraucht sein. Daraus würde ein ökonomischer Kollaps resultieren, mit erheblich höherer Arbeitslosigkeit und einem Rückgang der Nahrungsproduktion, gekoppelt mit Verteilungsschwierigkeiten, was eine höhere Sterberate und somit einen Rückgang der Bevölkerung zur Folge hätte. Einer etwas optimistischeren Studie zu Folge wird dies erst in 200 Jahren der Fall sein.

Die ökologische Krise macht uns deutlich, dass es trotz aller Grenzenlosigkeit eben doch Grenzen gibt, die eigentlich gar nicht, zumindest aber nicht auf Dauer missachtet werden können.

VI. Fallbeispiel 1: Chile – Gewinner der Globalisierung?!

Nach dem Militärputsch von Pinochet 1973, arbeitete die chilenische Regierung eng mit einer Gruppe von liberalen US-Amerikanischen Wirtschaftsexperten, den so genannten Chicago- Boys, zusammen.

In erster Linie ging es darum die Inflation in den Griff zu bekommen und eine auf Export basierende Wirtschaft aufzubauen. In den folgenden 16 Jahren setzten sie ihr Programm rigoros durch und gingen dabei über die Grenze der menschlichen Belastbarkeit hinaus.

Ihr Programm beinhaltete die Privatisierung von Wohlfahrt- und Sozialprogrammen, Deregulierung des Marktes, Liberalisierung des Handels, Verbot der zentralen Gewerkschaft,

sowie diverse Gesetzesänderungen, wie die Abkopplung der Preise von den Löhnen.

Die Folgen der SAP waren verheerend für den ärmsten Teil der Bevölkerung, aber nach der Krise der 80er Jahre stabilisierte sich die Wirtschaft zusehends:

- Der Anteil der Familien, welche unter der absoluten Armutsgrenze lebten, stieg zwischen 1980 und 1990 um 3 % von 12% auf 15 %; während der Anteil derer, die unterhalb des Existenzminimums lebten, von 24 % auf 26 % anstieg.
- Der Kalorienverbrauch pro Kopf (unter den 40 % der armen Bevölkerung) sank von 2019 im Jahre 1970 auf 1751 (1980) und 1629 (1990) – beträchtlich weniger als die internationale Mindestnorm für ausreichende Ernährung.
- Rund 600 staatliche Unternehmen waren privatisiert worden, es befanden sich nur noch knapp 50 Unternehmen in staatlichem Besitz.
- Alle quantitativen Handelsbeschränkungen waren aufgehoben und für sämtliche Handelsgüter ein einheitlicher Zolltarif von 10 % eingeführt worden. Somit hatte sich Chile von einer binnenorientierten, protektionistischen Volkswirtschaft zu einer der offensten und exportorientiertesten entwickelt.
- Das Land war zu einem hohen Masse mit den internationalen Wirtschafts- märkten verflochten, das gesamte Handelsvolumen stieg zwischen 1970 und 1990 um 19, 4%

(von 35 % auf 54, 4 %).

Nach Ende der Militärdiktatur behielt die Regierung den bisherigen Wirtschaftskurs bei und konnte dank des Booms der 90er Jahre (bis 1997) und des daraus resultierenden finanziellen Handlungsspielraumes eine Initiative zur Armutsbekämpfung sowie Investitionen in Bildung und Infrastruktur starten. Miteinhergehend war eine stabilisierende Finanzpolitik, die es verhinderte, dass Chile nach den Boomjahren (seit 1998) in nennenswerte Krisen schlitterte. Das Wachstum des BIP hat sich in den letzten Jahren zwischen 2% und 4% eingependelt. Allerdings ist die Armutsbekämpfung noch keineswegs zufrieden stellend. Man geht davon aus, dass bei einem Wachstum von durchschnittlich 3% die Armut erst in 24 Jahren halbiert wäre. Somit wird vorerst auch in dem vermeintlichen Gewinnerland der Globalisierung Chile, der ärmste Teil der Bevölkerung vom wirtschaftlichen Aufschwung ausgegrenzt.

VII. Fallbeispiel 2: Argentinien

VII. 1. Geographie, Bevölkerung: Allgemeine Daten

Bev.dichte: 14 Einw./ km²

Bevölkerungswachstum: 1,19 %

Hauptstadt: Buenos Aires: 3 mio. Einw.

Politisches System: Unabhängig seit dem 9. Juli 1816. Präsidialrepublik. Verfassung von 1994

Öffentliche Gesundheitsausgaben (am BIP): 2,4 %

Öffentliche Ausgaben für Bildung u. Erziehung (am BSP): 3,5 %

Wirtschaft:

BSP: 276,2 Mrd. US$

Wachstumsrate: - 0,5 %

BSP/Kopf: 7460 US$

Anteile am BIP: Landwirtschaft 5 %, Industrie 28 %, Dienstleistungen 68 %, Forschung+ Entwicklungsausgaben (am BSP): 0,48 %

Inflationsrate: - 1,1 %

Haushaltsdefizit (am BIP): 2,3 %

Auslandsschulden: 226,789 Mrd. US$

Schuldendienst (am BSP): 9,9 %

FDI: 11,665 Mrd. US$

Landwirtschaft, Rohstoffe, Industrie: Produkte: Weizen, Mais, Wein, Kartoffeln, Tabak, Sorghum, Zuckerrohr, Soja, Rinderzucht

VII. 2. Kurze Einleitung und historischer Abriss bis 1990:

Argentinien, das seine Unabhängigkeit bereits am 9. Juli 1816 erlangte, ist mit einer Ausdehnung von 2 780 400 km² nach Brasilien der zweitgrösste Flächenstaat Südamerikas und zählt eine Bevölkerung von etwas mehr als 37 mio. Einwohnern, von denen 89% in Städten leben. Die wichtigsten Rohstoffe sind Erdöl, Erdgas und Kohle, die wichtigsten Industriezweige die Nahrungsmittelindustrie, die Automobilindustrie, Petrochemie und Stahlerzeugung. Die Hauptausfuhrländer sind Brasilien (30, 1%), USA (8, 4%) und Chile (7%). (www.spiegel.de/jahrbuch/0,1518,ARG,00.html)

Am 24. Februar 1946 wurde Perón zum Präsidenten gewählt und leitete damit den Siegeszug der Peronisten bis zum Einsetzen der Militärdiktatur im Jahre 1976 ein. Nach dem Ende der Militärdiktatur im Jahre 1983 fanden im Oktober die ersten freien Präsidentschaftswahlen statt, welche der Kandidat der Radikalpartei (Union Civica Radical), Raúl Alfonsín, für sich entscheiden konnte. Er errichtete ein demokratisches System, reorganisierte die Streitkräfte und unter seiner Führung kam es zur Anklage früherer militärischer und politischer Führer wegen Verletzungen der Menschenrechte. Im Mai 1989 wird der peronistische Kandidat Carlos Saúl Menem zum Präsidenten gewählt. Während seiner zehnjährigen Amtszeit setzte er zahlreiche wirtschaftliche Reformen durch, wurde allerdings später wegen Korruption und illegalen Waffengeschäften verurteilt und für 165 Tage unter Hausarrest gestellt. Erst im Mai dieses Jahres scheiterte sein Comeback- Versuch.

VII. 3. Die Situation nach 1990:

1991 wird in Argentinien die 1:1 Parität des Dollar mit dem Peso eingeführt.

Am 26. März 1991 hat Argentinien, gemeinsam mit Brasilien, Paraguay und Uruguay die Strategie der Marktöffnung gemäss dem Washingtoner Konsens (Weltmarktöffnung und Nutzung komparativer Wettbewerbsvorteile), welche die Entwicklungspolitik der CEPAL (UN- Wirtschaftskommission für Lateinamerika und die Karibik; Aufbau staatlich geschützter, ineffizienter Industrien) ersetzen sollte, mit der Gründung des gemeinsamen Marktes des Südens (Mercado Común del Sur) verbunden. Nach dem Vertrag vom März 1991 verfolgt der Integrationsprozess das Ziel, „den ungehinderten Verkehr von Gütern, Dienstleistungen und Produktionsfaktoren zwischen den Ländern", „die Einführung eines gemeinsamen Aussenhandelszolls und die Ausarbeitung einer gemeinsamen Handelspolitik" sowie „die Koordinierung der gesamtwirtschaftlichen und sektorbezogenen Politik zwischen den Mitgliedsstaaten" durchzusetzen und „die Harmonisierung der nationalen Gesetzgebung der Mitgliedsstaaten in den betroffenen Sachgebieten" zu ermöglichen. Im Januar 1994 kam es dann durch den Vertrag von Asunción zur Gründung des MERCOSUR.

Anfang der neunziger Jahre drosselte die Regierung Menems die Inflation, glich den Staatshaushalt aus, schichtete die Staatsschulden auf Handelsbanken um und verkaufte Staatsunternehmen an private Investoren.

VII. 4. Verlaufsprotokoll der Wirtschaftskrise

1998: Die Wirtschaftskrise erreicht Argentinien und im Februar gewährte der IWF Argentinien einen Kredit über 2, 8 Milliarden Dollar, unter der Voraussetzung für das laufende Jahr eine deutliche Verringerung des Haushaltsdefizits und ein Wirtschaftswachstum von über 5% anzustreben.

1999: Im Oktober wird Fernando de la Rúa zum Präsidenten gewählt. Nach zwei Jahren seiner Präsidentschaft stand Argentinien mit 132 Milliarden Dollar Schulden kurz vor dem Staatsbankrott. Im Dezember stoppt der IWF die fällige Auszahlung einer Kredittranche in Milliardenhöhe, weil die vereinbarte Schuldengrenze weit überzogen war, obwohl die Regierung de la Rúa mit einem strikten Sparkurs und per Notdekret versucht hatte, die Bedingungen des IWF zu erfüllen. Doch gespart wurde nicht nur an der Verwaltung: Rentner bekamen ihre Pensionen nicht mehr ausgezahlt, Privatkonten wurden teilweise eingefroren, die Arbeitslosigkeit stieg auf über 18%.

2000: Im Februar kommt es zu Streiks gegen die Liberalisierung der Arbeitsgesetze, am 31. Mai fand in Buenos Aires die grösste Kundgebung seit 1996 statt: Etwa 70. 000 Menschen demonstrierten gegen den IWF und ein Krisenprogramm der Regierung. Anfang Juni sieht sich Präsident de la Rúa erneut mit einem Generalstreik konfrontiert.

2001: Im Januar nimmt Argentinien erneut einen Milliardenkredit beim IWF auf. Im März kommt es dann zum Stillstand in der Hauptstadt Buenos Aires: Die Busfahrer, die Angestellten der U- Bahn und das Flughafenpersonal legen ihre Arbeit nieder. Tausende von Menschen aus den Vorstädten und den Provinzen machen sich auf den Weg zur Hauptstadt und ziehen mit Trommeln und Transparenten vor den Präsidentenpalast auf der legendären Plaza de Mayo. Zwei der grössten Gewerkschaften hatten zum Streik aufgerufen – dem vierten in der Amtszeit von Staatspräsident Fernando de la Rúa. Im Mai stellt die Regierung einen Aktionsplan auf, mit dem Ziel die Forderungen des IWF zu erfüllen, um so weitere Kredite zu bekommen. Im Juni fordern die wochenlangen Proteste gegen die Wirtschaftsmisere erste Todesopfer. Demonstranten und Polizei liefern sich Straßenschlachten in der Stadt General Mosconi im Norden des Landes, zwei Demonstranten sterben. Mitte Oktober finden in Argentinien Parlamentswahlen statt. Anfang Dezember führt die Regierung De la Rúa eine Kontensperre ein, um dem anwachsenden Druck auf die Währung standhalten zu können. Wirtschaftsminister Domingo Cavallo legt fest, dass Kontoinhaber monatlich nur 1000 Dollar abheben dürfen. Der Unmut wächst und entläd sich in zahlreichen Demonstrationen, an denen sich Zehntausende beteiligten. Der "cacerolazo" wurde zum Mittel des Protests: Die Bürger protestieren, indem sie auf Kochtöpfe schlagend durch die Straßen ziehen. Bei Auseinandersetzungen mit Sicherheitskräften gibt es an die 30 Tote zu beklagen. Ende Dezember wird in Argentinien für 30 Tage der Ausnahmezustand verhängt. In fast allen argentinischen Städten kommt es zu Plünderungen und gewalttätigen Protesten. Der Wirtschaftsminister Domingo Cavallo (19.12) erklärt seinen Rücktritt und einen Tag später gibt de la Rúa unter dem Druck der militanten Proteste sein Amt ab. Innerhalb kürzester Zeit hatten drei weitere Männer das Präsidentenamt inne: Ramón Puerta, Eduardo Camaño und Adolfo Rodríguez Saá. Die Gewerkschaften rufen zum Generalstreik gegen den Belagerungszustand durch die Polizei auf.

2002: Die lang andauernde politische und wirtschaftliche Krise des südamerikanischen Staates spitzt sich um den Jahreswechsel 2001/2002 zu. Und so erlebt das ehemalige Einwanderungsland nach den vielen überstürzten Regierungswechseln und der Peso-Abwertung eine nie gesehene Auswanderungswelle in Richtung USA und Europa. Am 1. Januar übernimmt der Peronist Eduardo Duhalde das Präsidentenamt und hebt am 4. Januar wegen anhaltender Kapitalabflüsse die feste Dollarbindung des Peso (1 Peso = 1 Dollar) auf. Alle Dollarguthaben wurden in Pesowerte umgewandelt und entsprechend abgewertet (offiziell um 30 Prozent). Bis Februar verlor der Peso gegenüber dem Dollar um über 50 Prozent, für viele Argentinier eine wirtschaftliche Katastrophe. Tauschhandel ist die Rettung für die verarmte Bevölkerung. Landesweit gibt es 4500 Märkte, in denen etwa 5 Millionen Menschen Waren und Dienstleistungen tauschen, sogar bestimmte Steuern können Geschäftsleute in Naturalien zahlen. Mitte Juli kündigt Duhalde um ein halbes Jahr vorgezogene Neuwahlen für den 30. März 2003 an. Die nötigen "großen Reformen" könnten nur von einer gewählten Regierung umgesetzt werden.

2003: Im Mai gewinnt der Peronist Kirchner die Wahlen gegen seinen Parteigenossen Menem, der seine Kandidatur vor der Stichwahl zurückzieht.

VII. 5. Die Wirtschaft Argentiniens:

Mitte der 70er Jahre war Argentinien ein hochindustrialisiertes Land, mit hochqualifizierten und für Lateinamerika sehr gut bezahlten Arbeiter. Die import-substitutionierende Industrialisierung ist hier mit dem Aufbau einer Konsumgüter-industrie gelungen. Eine Investitionsgüterindustrie entstand jedoch nicht; Maschinerie wurde importiert. Die Industrieprodukte wurden hauptsächlich auf dem Binnenmarkt abgesetzt. Exportiert wurden (und werden) vor allem Öl und landwirtschaftliche Produkte. Im Schatten der Militärs begann der neoliberale Angriff auf die Arbeiterklasse, der von den folgenden Zivilregierungen fortgeführt wurde. Nach innen waren vor allem die Ölarbeiter und die Beschäftigten von Telefongesellschaft, Bahn und Wasserwirtschaft von den Privatisierungen betroffen. Die staatliche Erdölgesellschaft YPF und die Telefongesellschaft wurden an spanische Multis - Repsol und Telefónica - verkauft. Schon im Vorfeld der Privatisierungen kam es dort zu Massenentlassungen. Nach außen wurden Zollbeschränkungen abgebaut und der Markt liberalisiert. Billiglohnimporte aus Asien und subventionierte Importe aus den USA und der EU führten zum Abbau der nationalen Industrie. Die 1:1-Parität des Peso mit dem Dollar begünstigte ebenfalls Importe. Die Privatisierung des Transports führte zu Verteuerungen und Streckenstilllegungen, was wiederum die Klein- und Mittelbetriebe in den Provinzen in Mitleidenschaft zog, deren Zugänge zu Zulieferern und Märkten gekappt oder verteuert wurden. Staatliche Subventionen flossen in das Großkapital, nicht in produktive Investitionen von Klein- und Mittelbetrieben. Als Folgeerscheinung gehen Lebensmittel-, Textil- und Konsumgüterindustrie zurück. Durch die Massenentlassungen in der Ölindustrie stürzen ganze Ortschaften ins Elend ab. Die Entlassungen beginnen Ende der 80er Jahre in den Provinzen, und kommen zehn Jahre später in den Industrievororten von Buenos Aires an. Seit dem Kriseneinbruch 1998 hat sich der Abbau der Industrie beschleunigt und verschärft. Seitdem sind 30% der Arbeitsplätze abgebaut worden; von einer Million Industriearbeiter Anfang der 90er Jahre sind noch 630 000 übriggeblieben, Tendenz fallend. In Argentinien findet sich die weltweit höchste Konzentration von arbeitslosen Industriearbeiter. (Die Staatsangestellten des Öffentlichen Dienstes waren von dem neoliberalen Angriff weniger betroffen. Sie konnten ihre Position - auch durch Streiks - halten. Die Beschäftigung im Öffentlichen Dienst steigt bis Ende der 90er Jahre sogar noch an.)

Im Laufe der 90er Jahre kommt es so zu einer Polarisierung. Während die entlassenen Öl- und Fabrikarbeiter zu Langzeitarbeitslosen und Armen werden, kann die sogenannte Mittelschicht ihren Lebensstandard halten. Zur Mittelschicht zählen sich in Argentinien alle, die über einen Job mit geregeltem Einkommen verfügen, auch die noch beschäftigten Industriearbeiter. Die Reallöhne bleiben bis Ende der 90er Jahre stabil, und in der zweiten Hälfte der 90er kommt es sogar noch zu einem Boom in der Autoindustrie, für den Binnenmarkt. Das Proletariat differenziert sich in arbeitslose Verlierer und in noch beschäftigte Besitzstandswahrer. Auf der anderen Seite stehen die Absahner: die Reichen werden immer reicher. Mit dem Kriseneinbruch 1998 kommt es jedoch zu einer beispiellosen Massenverarmung und Proletarisierung vorher relativ gutsituierter Leute. Löhne und Kaufkraft sinken dramatisch, v.a. seit der Peso-Abwertung Anfang 2002. Mehr als die Hälfte der 36 Millionen Argentinier leben inzwischen unter der Armutsgrenze. Die Einkommen der Mittelschichten reichen zum Lebensunterhalt nicht mehr aus, sämtliche Familienmitglieder müssen einer oder mehreren Beschäftigungen nachkommen um ihren Lebensunterhalt zu bestreiten. Fast 20% der Industriearbeiter und mehr als 15% der offiziell Beschäftigten in Handel und Bau leben unterhalb der Armutsgrenze. Die informelle Arbeit macht nach offiziellen Angaben 41% der Beschäftigung aus. Neue Berufe haben Konjunktur. Die Zahl der Menschen, die Armutsarbeiten wie Kartonsammeln oder Straßenverkauf machen, ist seit 1998 um 773 000 auf 1,8 Millionen gestiegen. Der Kriseneinbruch hat in Argentinien zu einer Homogenisierung der Lebensbedingungen auf niedrigstem Niveau geführt. Während der Staat in den 90er Jahren einem Teil der Klasse noch ein erträgliches Leben bieten konnte, hat er heute für keine Gruppe eine Lösung anzubieten.

Das erklärt wohl am ehesten die kollektive Ablehnung des Staates, die sich seit einem Jahr in der Parole 'Que se vayan todos' ausdrückt.

- **Piqueteros:**

Die organisierten Arbeitslosen sind die derzeit stärkste Bewegung der Arbeiterklasse in Argentinien. Der Begriff piqueteros taucht zum ersten Mal im Juni 1996 auf, in der Provinz Neuquén, einer der Provinzen, in denen Erdöl gefördert wird. In den kleinen Ortschaften Cutral Co und Plaza Huincal (58 000 Einwohner) wurden nach der Privatisierung der staatlichen Erdölgesellschaft 4000 Arbeiter entlassen. Als der Vertrag mit einer Düngemittelfabrik platzt, und damit auch das Versprechen auf neue Arbeitsplätze nicht erfüllt werden kann, kommt es in den Orten sechs Tage lang zu einem Aufstand, an dem die Hälfte der Bewohner beteiligt ist. Sie blockieren sämtliche Zufahrten zu den Orten und zur Raffinerie mit massiven Straßensperren. Schon in diesem Aufstand liegt die Entscheidung über das Vorgehen bei Versammlungen von bis zu 5000 Leuten, und Politiker haben das Problem, dass sie keine Ansprechpartner für Beschwichtigungsverhandlungen finden. Im folgenden Jahr, im Mai 1997, wird in der nördlichen Provinz Jujuy die Brücke, welche die Hauptverbindung zwischen Argentinien und Bolivien bildet, vier Tage lang blockiert - nachdem der Vorzeigebetrieb der Provinz, die Eisen- und Stahlwerke Aceros Zapla im Zuge der Privatisierung von 5000 auf 700 Beschäftigte reduziert worden waren.

Zollsenkungen und Billigimporte ließen weitere Industriearbeitsplätze verschwinden. Die Blockaden dehnen sich auf weitere Provinzen aus. Präsident Menem führt die Planes Trabajar ein, eine Art ABM-Programm für Arbeitslose. Manche piqueteros haben ihr ganzes Leben in Armut verbracht und im informellen Sektor gearbeitet; als Straßenverkäufer, Gelegenheitsarbeiter oder Hausangestellte. Aber viele andere sind ehemalige Industriearbeiter, die in der Öl-, Metall- und Textilindustrie gut verdient haben und über gewerkschaftliche Erfahrung verfügen. An den piquetes beteiligen sich auch Noch-Beschäftigte. Es geht meist nicht nur um Forderungen von Arbeitslosen, sondern auch um ausstehende Löhne von Staatsangestellten, um Wohnungen für Obdachlose, usw. Nach weiteren Aufständen in nördlichen Provinzen, an denen auch Transport- und Bauarbeiter beteiligt sind, kommt die Bewegung im Jahr 2000 in der Hauptstadt an, in La Matanza, einem Vorort, in dem zwei Millionen Arme zwischen Hunderten von stillgelegten Fabriken leben. Hier finden die größten Blockaden statt. 2001 ist das Jahr der landesweiten Organisierung der piqueteros. Sie halten zwei

Kongresse ab, in denen vor allem klar wird, dass sie alles andere als ein einheitlicher Block sind. Trotzdem gelingt es ihnen, sich auf die Ablehnung von Politikern und Gewerkschaften zu einigen, und auf landesweite Aktionspläne. Die dritte Versammlung, die für Dezember 2001 geplant war, kommt nicht zustande, da eine Fraktion (CTA / CCC) angefangen hat, mit der Regierung zu verhandeln. Anfang 2002 sind mehr als 200 000 piqueteros organisiert und beraten sich in Stadtteilversammlungen, den asembleas.

- **Besetzte Betriebe**

Über die Hälfte der Industriekapazität in Argentinien liegt brach. Inzwischen sind mehr als 100 Betriebe, die pleite waren oder kurz davor standen, von ihren Arbeitern instandgesetzt worden, so dass die Produktion wieder aufgenommen werden konnte. Die meisten besetzten Betriebe sind Klein- und Mittelbetriebe (Nahrungsmittel, Textil,Glas, Papier, Aluminium, Druckerei, usw., mit im Durchschnitt 70 Beschäftigten). Unter dem Druck der Besetzungen hat die Regierung Enteignungsverfahren entwickelt, die an der Widersprüchlichkeit der Bewegung ansetzen und letzten Endes das Privateigentum bestätigen. Die Gebäude werden den Besetzern für zwei Jahre überlassen; in dieser Zeit bezahlt der Staat dem Eigentümer eine Miete, und nach Ablauf der Frist haben die Arbeiter ein Vorkaufsrecht.

- **Tauschringe**

Der erste Tauschring in Argentinien wurde 1995 von dreissig Leuten gegründet. Mit der Krise hat sich dieses Phänomen massenhaft ausgeweitet. Auf dem Höhepunkt gab es 8000 Tauschclubs mit 3 Millionen Mitgliedern. Das bedeutet, dass mit den mitversorgten Familienmitgliedern etwa 10 Millionen Menschen auf diese Form der Krisenbewältigung zurückgegriffen haben. Getauscht werden alle möglichen Dienstleistungen, Handwerk und Produkte, bis hin zu Autos, Grundstücken und Wohnungen. Im Gegensatz zu den piqueteros und asambleas, die dem Mangel mit kollektiven und solidarischen Projekten wie Volksküchen begegnen, sind die Tauschringe eine zwar massenhafte, aber doch individuelle Krisenlösung, die der Marktlogik folgt. Die Tauschmärkte funktionieren mit einer Alternativwährung, den créditos.

VIII. SCHLUSSWORT UND AUSBLICK

In der globalisierten Ökonomie können drei Hauptakteursgruppen unterschieden werden:

a) die „global players“
b) die Nationalstaaten
c) die supranationalen Institutionen

Peter Sutherland, ehemaliger GATT- Direktor, behauptete, dass es bei der Liberalisierung des internationalen Handels, sprich der ökonomisch- wirtschaftlichen Globalisierung, „keine Verlierer, sondern nur Gewinner ... mehr Handel bedeutet auch immer mehr Einkommen für Alle.“ Der frühere Bundesminister für wirtschaftliche Zusammenarbeit, Carl- Dieter Spranger, war der Überzeugung, dass sich durch die Globalisierung „die Wachstumsmöglichkeiten weltweit“ insgesamt verbessern würden und sich so im Anschluss das „globale Armutsgefälle“ verringern würde. Der Direktor der WTO war der Überzeugung, dass eine weitere Deregulierung der Märkte notwendig sei, „um ein anhaltendes Wachstum und damit auch einen höheren Lebensstandard zu erreichen [...] nur eine weitere Liberalisierung des weltweiten Handels“, könne zu mehr Wohlstand führen. Eine Untersuchung der Weltbank kommt anhand von 20 Länderstudien allerdings zu dem Schluss, „dass der Wechsel zu einem offeneren Aussenhandelsregime das Einkommen der 40 Prozent ärmsten Bevölkerungsmitglieder drückt. Die Kosten des Anpassungsprozesses werden demnach von den Armen getragen, und zwar unabhängig davon, wie lange der Prozess dauert.“ Der Chef der Weltbank, Wolfensohn, plädiert deshalb dafür, “dass die internationale Finanzarchitektur die gegenseitige Abhängigkeit zwischen dem Makroökonomischen und Finanziellen einerseits und den strukturellen und sozialen menschlichen Problemen andererseits wiederspiegeln muss“. Schade nur, dass dies bisher noch nicht umgesetzt worden ist. (zitiert in: „WTO-Chef setzt sich für arme Länder ein“ Süddeutsche Zeitung Nr. 203: 03. 09. 1999)

Auch wenn sich in manchen Fällen die ökonomischen Indikatoren als Folge der Strukturanpassungsmassnahmen verbessern, verschlechtern sich ebenso oft die sozialen Verhältnisse, steigt die Arbeitslosigkeit, verringert sich infolge von Deregulierung und Privatisierung die Fähigkeit des politisch-administrativen Systems zur Regulierung, wird die Einkommensverteilung ungleicher und wird die Umwelt degradiert. (vgl. WWF 1996: 10ff.) In Bezug auf die Strukturanpassungspolitik gilt es, diese kritisch nach den Perspektiven einer sowohl kohärenten, als auch nachhaltigen Entwicklung zu hinterfragen.

„Sustainable development is people-centered in that it aims to improve the quality of human life, and it is conservation-based in that it is conditioned by the need to respect nature' s ability to provide resources and life supporting services. In this perspective, sustainable development means improving the quality of human life while living within the carrying capacity of supporting ecosystems" (WWF 1996: 5)

Zu bemängeln ist vor allem, dass bei der Vergabe von SAP der "country-by-country"-Ansatz in den meisten Fällen nicht berücksichtigt wurde. Dies ist aber gerade deswegen wichtig, da "paricularities of individual countries and their differing functions in the emerging international division of labor" sich nicht mit auf alle Länder anwendbaren, scheinbar gemeingültigen Patentrezepten lösen lassen. (WWF 1996) Einleuchtend erscheint mir daher der Vorschlag von Altvater und Mahnkopf, in einem „eclectic messy center" ökonomische, soziologische und politische Theorien zu kombinieren und so jeweils landesspezifische Entwicklungsmodelle zu entwerfen, welche mit einer lokalen Kohärenz einhergehen.

Des Weiteren sollte sich kritisch mit der Frage auseinandergesetzt werden, ob es nicht intelligenter wäre, statt auf eine weitere Deregulierung der Weltmärkte, verbunden mit einer zunehmenden Kapitalakkumulation (zu Gunsten weniger), vielmehr im Sinne Friedrich Lists auf die Entwicklung der „produktiven Kräfte" und auf die „Bildung von Humankapital" oder sozialer Netzwerke (Stichwort „soziales Kapital") zur Herstellung systemischer Wettbewerbsfähigkeit, zu bauen. Dies erscheint unter anderem deshalb sinnvoll, da wirtschaftliche und soziale Entwicklung auf einer unterschiedlichen Faktorausstattung der verschiedenen Länder, Regionen und Kontinente beruht.

Während es bei dem Prozess der Inklusion zu einer zunehmenden Verflechtung und Vernetzung von geographischen Räumen, politischen Territorien, transnational agierenden Konzernen (TNK), Handelsmärkten, Kulturgesellschaften und Ethnien, kurzum zu einer Grenzauflösung kommt; so führt die diametral entgegengesetzte Entwicklung der Exklusion zu einer zunehmenden Entflechtung eben dieser Faktoren und bildet heute die Lebensrealität des überwiegenden Anteils der Weltbevölkerung. Durch die Ausgrenzung verschiedener Länder und Regionen aus den weltweiten Güter- und Kapitalmärkten, verbunden mit Verarmungsprozessen breiter Bevölkerungsgruppen in Entwicklungs- und Transformationsländern kommt es zu einer strukturellen Entgrenzung, einer faktischen Abkopplung des Südens.

> „Die Tendenzen der Fragmentierung ihrerseits bewirken eine Auflösung der Einheit des Weltsystems, nämlich die Abkopplung von Ländern und Regionen, von Klassen und Bevölkerungsgruppen, deren *Marginalisierung* und *Exklusion*." (Altvater; Mahnkopf 1999: 155f.)

Dem fragmentierten, abgekoppelten „Neuen Süden" (Beck 1997) bieten sich laut Scholz momentan nicht viele Entwicklungsmöglichkeiten. Er kann als Absatzmarkt für Gebrauchtwagen aller Art und von industriellen Billigerzeugnissen dienen, gelegentlich von Almosen und Katastrophen- oder Aufbauhilfe profitieren. In Niger und Benin machen solche Gebrauchtwaren bereits über 74 % der Importe aus, bei Gebrauchtwagen gar über 90 %. Auch dürfte sie wiederholt Ziel militärischer Befriedungsaktionen oder von Terrorpräventionen sein. Vereinzelt mag sie als abrufbarer Lieferant mineralischer und agrarer Rohstoffe oder menschlichen Organen dienen. Widerkehrend mag sie sogar als Quelle für IT- Spezialisten, Hochleistungssportler, exotische Frauen, Mägde, Novizen und seltene Haustiere sowie als touristisches Tummelfeld fungieren. Und aus humanitären, politischen oder diplomatischen Erwägungen wird auch noch oder immer wieder technische und finanzielle Entwicklungshilfe geleistet und werden Massnahmen der Grundbedürfnisbefriedigung Anwendung finden. Er wird sich an seinen internen Widersprüchen aufreiben, an Armut und Rückständigkeit leiden, sicherlich aber auch vielfältige Strategien zum Überleben entwickeln. Dabei ist an eine Revitalisierung von Subsistenzwirtschaft, indigenem Wissen und lokalen Produktionsweisen, an Tauschringe, an zivilgesellschaftliche, nachbarschaftliche Netzwerke, an informelle Institutionen und an den Dritten Sektor zu denken. (Scholz, F. 2002b: 8)

IX. BIBLIOGRAPHIE:

1. Adar, K./ Ajulu, R. (2002): Globalization and Emerging Trends in African States` Foreign policy-Making Process. Hampshire
2. Aderinwale, A. (2000): Afrika und der Globalisierungsprozess. In: Tetzlaff, R. (Hg.): Weltkulturen unter Globalisierungsdruck. Bonn. S.232-259
3. Aguiton, Christophe (2002): Was bewegt die Kritiker der Globalisierung? Von Attac zu Via Campesina. Neuer ISP Verlag GmbH. Köln
4. Akinyemi, R. (1999): Globalisierung, Menschenrechte und Demokratie in Afrika. In: Parnreiter, C./ Novy, A./ Fischer, K.: Globalisierung und Peripherie- Umstrukturierungen in Lateinamerika, Afrika und Asien. Frankfurt a. M.; S.169-188
5. Alobo, David (2002): Afrika im Zeitalter der Globalisierung. Waxmann Verlag GmbH, Münster
6. Altenburg, T. (1999): Industrialisierung in Entwicklungsländern. In: Parnreiter, C./ Novy, A./ Fischer, K.: Globalisierung und Peripherie- Umstrukturierungen in Lateinamerika, Afrika und Asien. Frankfurt a. M. S.75-94
7. Altvater, Elmar; Mahnkopf, Birgit (1999): Grenzen der Globalisierung. Ökonomie, Ökologie und Politik in der Weltgesellschaft. 4. Aufl.; Verlag Westfälisches Dampfboot, Münster
8. Altvater, E./ Mahnkopf, B.(2002): Globalisierung der Unsicherheit. Münster
9. Antweiler, Christoph (1999): Immanuel Wallerstein (1930-). Alle Entwicklung ist eingebettet im kapitalistischen Welt- System. In: E+Z Jg. 40, 1999; S. 253- 255
10. Beck, Ulrich (1997): Was ist Globalisierung? Irrtümer des Globalismus, Antworten auf Globalisierung. Suhrkamp Verlag; Edition Zweite Moderne; Frankfurt a. M.
11. Becker, Jens; Hartmann, Dorothea M.; Huth, Susanne; Möhle, Marion (2001): Diffusion und Globalisierung. Westdeutscher Verlag GmbH; Wiesbaden
12. Berner, E.; Korff, H.- R. 1995: Globalization and Local Resistance. International Journal of Urban and Regional Research 18 (1995), H. 2, S. 208- 222

13. Bonder, M.; Röttger, D.; Ziebura, G. (1993): Vereinheitlichung und Fraktionierung in der Weltgesellschaft. Kritik des globalen Institutionalismus. PROKLA. Zeitschrift für kritische Sozialwissenschaft, 23, S. 327- 341.
14. Castells, Manuel 1997: The Power of Identity. The Information Age: Economy, Society and Culture, Vol. II., Malden, Oxford
15. Cohen, Daniel (1998): Fehldiagnose Globalisierung. Die Neuverteilung des Wohlstands nach der dritten industriellen Revolution. Campus Verlag Frankfurt a. M./ New York
16. Dia, Mamadou (1999): Afrikas institutionelle Schwäche. In: E+Z Jg. 40. 1999:9; S. 249. Aus: Mamadou Dia: Africa's Management in the 1990s and Beyond. Reconciling Indigenous and Transplanted Institutions. Washington, World Bank 1996, p. 28, 36f., 39, 43.
17. Dicken, Peter (1999): Global Shift. Transforming the World Economy. Paul Chapman Publishing Ltd. London. 3rd ed.
18. Dittrich, Christoph (1998): Stadt der zwei Geschwindigkeiten. Glanz und Elend der indischen Software- Metropole Bangalore. In: blätter des iz3w, 229, S. 15-17
19. Eckel, Carsten (2001): Verteilungswirkungen der Globalisierung. Deutscher Universitäts- Verlag. Wiesbaden
20. Feldbauer, P.; Husa, K.; Pilz, E.; Stacher, I. (Hrsg.) (1997): Mega Cities. Die Metropolen des Südens zwischen Globalisierung und Fragmentierung. HSK 12 Brandes& Apsel/ Südwind Frankfurt a. M.; S. 9- 20
21. Feldbauer, Peter; Hardach, Gerd; Melinz, Gerhard (Hrsg.) (1999): Von der Weltwirtschaftskrise zur Globalisierungskrise (1929- 1999). Wohin treibt die Peripherie? HSK 15 Internationale Entwicklung Brandes & Apsel Verlag Frankfurt a. M.
22. Flörkemeier, H.: Globalisierung ohne Grenzen.? Die regionale Struktur des Welthandels. 2001. Berlin
23. Fornet- Betancourt, Raúl (Hrsg.) (1998): Armut im Spannungsfeld zwischen Globalisierung und dem Recht auf eigene Kultur. Denktraditionen im Dialog: Studien zur Befreiung und Interkulturalität Band 2. IKO – Verlag für interkulturelle Kommunikation; Frankfurt a. M.

24. Fricke, Dietmar (2000): Globalisierung und Bürgerkriege. Eine theoriegeleitete Analyse von Globalisierungsprozessen und ihrem Verhältnis zu regionalen Konflikten. Verlag Dr. Köster Berlin
25. Friedman, T. (1999): Globalisierung verstehen. New York
26. Fürtig, Henner (Hrsg.) (2001): Islamische Welt und Globalisierung. Aneignung, Abgrenzung, Gegenentwürfe. Bibliotheca Academica Bd. 10. Ergon Verlag Würzburg
27. Galtung, Johan (1998): Die andere Globalisierung. Perspektiven für eine zivilisierte Weltgesellschaft im 21. Jahrhundert. (Agenda Frieden; 28) Agenda Verlag Münster
28. Gruppe von Lissabon (1997): Grenzen des Wettbewerbs. Die Globalisierung der Wirtschaft und die Zukunft der Menschheit. Bundeszentrale für politische Bildung. Luchterhand Literaturverlag GmbH, München
29. Hahn, Hans Peter; Spittler, Gerd (Hrsg.) (1999): Afrika und die Globalisierung. Schriften der VAD Bd. 18. LIT Verlag Hamburg
30. Harris, R./ Seid, M.(2000): Critical Perspectives on Globalization and Neoliberalism in the Developing Countries. Leiden
31. Hein, W. 1995: Von der fordistischen zur post- fordistischen Weltwirtschaft. In: PERIPHERIE, 15. Jg., 59/60, S. 45- 78
32. Hey, Christian; Schleicher- Tappeser, Ruggero (1998): Nachhaltigkeit trotz Globalisierung. Handlungsspielräume auf regionaler, nationaler und europäischer Ebene. (Enquete- Kommission „Schutz des Menschen und der Umwelt" des 13. Deutschen Bundestages (Hrsg.)) Springer Verlag Berlin-Heidelberg
33. Hobuß, Steffi u. a. (Hrsg.) (2001): Die andere Hälfte der Globalisierung. Menschenrechte, Ökonomie und Medialität aus feministischer Sicht. Campus Verlag Frankfurt a. M./ New York
34. Höffe, Otfried (1999): Demokratie im Zeitalter der Globalisierung. Beck'sche Reihe. Verlag C. H. Beck München
35. Internationales Forum für Gestaltung Ulm (Hrsg.) (1997): Globalisierung/ Regionalisierung. Ein kritisches Potential zwischen zwei Polen. Anabas Verlag; 1997

36. James, Harold: Rambouillet, 15. November 1975. Die Globalisierung der Wirtschaft. Deutscher Taschenbuchverlag. München
37. Korff, Heinz- Rüdiger (1996): Globalisierung und Megastadt. Ein Phänomen aus soziologischer Perspektive. In: GR 48 (1996) H.2; S. 120- 123
38. Kreisel, Werner; Melzer, Stefan (2001): Städte des Weltmarktes oder Leitzentralen des globalen Wirtschaftssystems. In: Praxis Geographie 5/2001; S. 35- 37
39. Kreutzmann, Hermann; Reuber, Paul (2002): „Kulturerdteile" im Wandel? Politische Konflikte und der „Kampf der Kulturen". In: Ehlers, Eckart; Leser, Hartmut (Hrsg.): Geographie heute – für die Welt von morgen. Klett Perthes Verlag Gotha; S. 139- 146
40. Langthaler, Herbert (1997): Globalisierung der Konzernstrategien und Informalisierung. Das Beispiel der Textilindustrie. In: Komlosy, A.; Parnreiter, C.; Stacher, I.; Zimmermann, S. (Hrsg): Ungerecht und unterbezahlt. Der informelle Sektor in der Weltwirtschaft. HSK 11; Brandes& Apsel/ Südwind Frankfurt a. M.; 1997. S. 221- 234
41. Lefèbvre, Henri 1991 (franz. Orig. 1974): The Production of Space, Oxford/ Cambridge
42. Lefèbvre, Henri 1972: Die Revolution der Städte, Frankfurt a. M., S. 43f.
43. Loch, Dietmar; Heitmeyer, Wilhelm (Hrsg.) (2001): Schattenseiten der Globalisierung. Suhrkamp Verlag Frankfurt a. M.
44. Mander, Jerry; Goldsmith, Edward (Hrsg.) (2002): Schwarzbuch der Globalisierung. Riemann Verlag. München
45. Martin, Hans- Peter; Schumann, Harald (1997): Die Globalisierungsfalle. Der Angriff auf Demokratie und Wohlstand. Rowohlt Verlag GmbH
46. Menzel, Ulrich (1998): Globalisierung versus Fragmentierung. Suhrkamp Verlag Frankfurt a. M.
47. Mies, Maria; Werlhof von, Claudia (Hrsg.) (1998): Lizenz zum Plündern. Das multilaterale Abkommen über Investitionen >MAI<. Globalisierung der Konzernherrschaft und was wir dagegen tun können. Rotbuch Verlag, Hamburg
48. Narr, Wolf- Dieter; Schubert, Alexander (1994): Weltökonomie. Die Misere der Politik. Suhrkamp Verlag; Frankfurt a. M.

49. Nassehi, Armin (2000): Globalisierung. Probleme eines Begriffs. In: Geographische Zeitschrift, 88. Jg. 2000. Heft 1; S. 21- 33
50. Ostertag, Matthias P. (2000): Globalisierung unter Aspekten der Wirtschaftsgeographie. (= Nürnberger Wirtschafts- und Sozialgeographische Arbeiten Bd. 55) Selbstverlag des Wirtschafts- und Sozialgeographischen Instituts der Friedrich- Alexander- Universität Erlangen- Nürnberg
51. Parnreiter, Christof (1997): Die Renaissance der Ungesichertheit: Über die Ausweitung informeller Beziehungen zwischen Kapital und Arbeit im Zeitalter der Globalisierung. In: Komlosy, A.; Parnreiter, C.; Stacher, I.; Zimmermann, S. (Hrsg.): Ungerecht und unterbezahlt. Der informelle Sektor in der Weltwirtschaft. HSK 11; Brandes & Apsel/ Südwind; Frankfurt a. M.; 1997. S. 203- 220
52. Parnreiter, Christof; Novy, Andreas; Fischer, Karin (Hrsg.) (1999): Globalisierung und Peripherie. Umstrukturierung in Lateinamerika, Afrika und Asien. HSK 14 Brandes & Apsel/ Südwind, Frankfurt a. M.
53. Pearson, Lester B. u. a. (1969): Partners in Development: Report of the Commission on International Development. Praeger; New York
54. Pflüger, Michael (2002): Konfliktfeld Globalisierung. Verteilungs- und Umweltprobleme der weltwirtschaftlichen Integration. Physica- Verlag Heidelberg
55. Plate, Bernhard von: Grundelemente der Globalisierung. In: Informationen zur politischen Bildung, Nr. 263, 2. Quartal 1999
56. Raffer, Kunibert (1994): ‚Structural Adjustment', Liberalisation, and Poverty. In: Journal für Entwicklungspolitik X/4: 431- 441
57. Richter, Emanuel (1992): Der Zerfall der Welteinheit. Vernunft und Globalisierung in der Moderne. Campus Verlag Frankfurt a. M./ New York
58. Rodrik, Dani (2000): Grenzen der Globalisierung. Ökonomische Integration und soziale Desintegration. Campus Verlag Frankfurt a. M./ New York
59. Sandner, Gerhard; Steger, Hanns- Albert (Hrsg.): Lateinamerika. Fischer Länderkunde Bd. 7
60. Sassen, Saskia (1991): The Global City. New York London Princeton

61. Sassen, Saskia (1993): Die informelle Ökonomie von New York. In: R. W. Ernst, R. Borst, S. Krätke und G. Nest (Hrsg.); Arbeiten und Wohnen in städtischen Quartieren. Basel, Boston, Berlin, S. 297
62. Sassen, Saskia (1995): Losing Control? Sovereignity in an age of Globalization. Columbia University Press; New York
63. Sassen, Saskia (1996): Metropolen des Weltmarktes. Die neue Rolle der Global Cities. Campus Verlag Frankfurt/ New York
64. Sassen, Saskia (1998): Globalization and Its Discontents. The New Press New York
65. Sassen, Saskia (2001): Global City. Einführung in ein Konzept und seine Geschichte. In: PERIPHERIE Nr. 81/ 82; Jg. 2001; S. 10- 31
66. Schäfer, Hans- Bernd (Hrsg.) (1996): Die Entwicklungsländer im Zeitalter der Globalisierung. Schriften des Vereins für Socialpolitik Band 245. Duncker & Humblot GmbH; Berlin
67. Scherer, Andreas Georg; Blickle, Karl- Hermann; Dietzfelbringer, Daniel; Hütter, Gerhard (Hrsg.) (2002): Globalisierung und Sozialstandards. Dnwe (Deutsches Netzwerk Wirtschafts- Ethik) schriftenreihe folge 9. Rainer Hampp Verlag München u. Mering
68. Scholz, Fred (1985): Entwicklungsländer. Beiträge der Geographie zur Entwicklungs-Forschung. Wege der Forschung Bd. 553. Wissenschaftliche Buchgesellschaft Darmstadt
69. Scholz, Fred (2000): Perspektiven des „Südens“ im Zeitalter der Globalisierung. In: Geographische Zeitschrift, 88. Jg. 2000. Heft 1; S. 1- 20.
70. Scholz, Fred (2002a): Globalisierung und Fragmentierung. Eine Welt in „Bruchstücken“. In: Ehlers, Eckart; Leser, Hartmut (Hrsg.): Geographie heute – für die Welt von morgen. Klett Perthes Verlag. 1. Aufl. Gotha; 2002. S. 121- 127
71. Scholz, Fred (2002b): Die Theorie der „fragmentierenden Entwicklung“. In: Geographische Rundschau 54 (2002) Heft 10, S. 6- 11
72. Schubert, Alexander (1997): Informeller Sektor oder informelle Gesellschaft? Zur Informalität in Lateinamerika. In: Komlosy, A.; Parnreiter, C.; Stacher, I.; Zimmermann, S. (Hrsg.): Ungerecht und unterbezahlt. Der informelle Sektor in der Weltwirtschaft. HSK 11 Brandes & Apsel/ Südwind Frankfurt a. M. 1997; S. 169- 182
73. Schuurman, F.: Globalization and Development Studies. 2001. London/ New Delhi

74. Scott, A. J.: From the Division of Labor to Urban Form. Berkeley 1998
75. Soros, George (2000): Die Krise des globalen Kapitalismus. Offene Gesellschaft in Gefahr. Fischer Taschenbuch Verlag GmbH, Frankfurt a. M.
76. Stacher, Irene (1997): Afrika südlich der Sahara: Erzwungene Abkopplung und Informalisierung. In: Komlosy, A.; Parnreiter, C.; Stacher, I.; Zimmermann, S.: Ungerecht und unterbezahlt. Der informelle Sektor in der Weltwirtschaft. HSK 11 Brandes & Apsel/ Südwind Frankfurt a. M.; 1997. S. 149- 168
77. Steger, U. (Hrsg.) (1999): Facetten der Globalisierung. Ökonomische, soziale und politische Aspekte. Springer- Verlag Berlin Heidelberg New York
78. Sternberg, Rolf; Diez, Javier Revilla (2002): Globalisierung und Regionalisierung – Neues Wissen entscheidet über die ökonomische Zukunft von Ländern und Regionen. In: Ehlers, Eckart; Leser, Hartmut (Hrsg.): Geographie heute – für die Welt von morgen. Klett Perthes Verlag. 1. Aufl. Gotha; 2002. S. 128- 138
79. Stötzel, Regina (Hrsg.) (1998): Ungleichheit als Projekt. Globalisierung- Standort Neoliberalismus. Forum Wissenschaft, Studien 43. BdWi- Verlag Marburg
80. Taake, Hans- Helmut: Globalisierung: Eine oder keine Chance für die Entwicklungsländer? In: www.bpb.de
81. Tetzlaff, Rainer (1996): Die Konsequenzen der Globalisierung für Afrika. In: NORD – SÜD aktuell. 3. Quartal 1996; S. 544- 552
82. Tetzlaff, R. (Hg.) (2000): Weltkulturen unter Globalisierungsdruck. Bonn
83. UNCTAD (1996): Globalization and Liberalization: Effects of international economic relations on poverty. New York/ Geneva
84. UNDP (United Nations Development Report) (1996): Bericht über die menschliche Entwicklung 1996. Deutsche Gesellschaft für die Vereinten Nationen; Bonn
85. Unmüßig, Barbara; Walther, Miriam (1999): Strukturanpassung in Afrika. Warten auf den Post- Washington Consensus. In: E+Z Jg. 40. 1999:9; S. 247- 250
86. Van Naerssen, Ton (2001): *Global Cities* in der Dritten Welt. In: PERIPHERIE Nr. 81/ 82, Jg. 2001; S. 32- 52

87. Vossen, Joachim: Die Stadt im Zeitalter der Globalisierung. Die Welt- ein urbaner Raum? In: Praxis Geographie 5/2001; S. 4- 7
88. Wahl, P.: Die Verlierer der Globalisierung. In: E+Z - Jg. 38. 1997:4. S. 108-110
89. WEED (World Economy Ecology Development) (1997): Schuldenreport '97. Bonn
90. Wiemann, J.: Afrika im Zeitalter der Globalisierung: Marginalisierung oder neue Chancen?(www.bpb.de/veranstaltungen/B2ZM0C,0,0,Afrika_im_Zeitalter_der_Globalisierung .html)
91. Wissen, Markus (2001): *Global Cities*, urbane Regime und Regulation. Zur Debatte über städtische Transformationsprozesse. In: PERIPHERIE Nr. 81/ 82, Jg. 2001; S. 76- 94
92. Worldbank (2000): World Development Report 1999. Washington D. C.

Internet:

- www.cia.gov/cia/publications/factbook/geos/ar.html
- www.spiegel.de/jahrbuch/0,1518,ARG,00.html
- www.jungle-world.com/2000/28/22a.htm
- www.tu-dresden.de/lsk/laz/Semesterarbeiten/SS00/mercosur/dreesvega mercosur SS00 haupt.html
- www.bpb.de/veranstaltungen/B2ZM0C,0,0,Afrika im Zeitalter der Globalisierung.html